智能建筑设计及其节能技术探究

郭蓉　王卫玲　赵晓萍　著

辽宁大学出版社　沈阳
Liaoning University Press

图书在版编目（CIP）数据

智能建筑设计及其节能技术探究/郭蓉，王卫玲，赵晓萍著. --沈阳：辽宁大学出版社，2024.12.
ISBN 978-7-5698-1889-5

Ⅰ.TU18

中国国家版本馆 CIP 数据核字第 2024VD6997 号

智能建筑设计及其节能技术探究

ZHINENG JIANZHU SHEJI JI QI JIENENG JISHU TANJIU

出 版 者：	辽宁大学出版社有限责任公司
	（地址：沈阳市皇姑区崇山中路66号　邮政编码：110036）
印 刷 者：	鞍山新民进电脑印刷有限公司
发 行 者：	辽宁大学出版社有限责任公司
幅面尺寸：	170mm×240mm
印　　张：	11.75
字　　数：	224千字
出版时间：	2024年12月第1版
印刷时间：	2025年1月第1次印刷
责任编辑：	郭　玲
封面设计：	徐澄玥
责任校对：	张宛初

书　　号：ISBN 978-7-5698-1889-5

定　　价：88.00元

联系电话：024-86864613
邮购热线：024-86830665
网　　址：http://press.lnu.edu.cn

前　言

在信息时代，各种现代化信息技术逐渐渗入各行各业中，而建筑行业也不例外，将信息技术应用到智能建筑设计中能够有效提升设计的质量，改进建筑设计的不足，并且可以提升设计的效率和效果，继而为居民提供更加优质、舒适的生活环境。需要注意的是，现在智能建筑的发展占据了大量的社会能源，对于能源的消耗量是巨大的，如何促进智能建筑节能是摆在建筑行业面前的一项重要问题。

本书精心编织了一幅智能建筑设计的全景画卷，它不仅勾勒出智能建筑的轮廓——从基础定义到设计，更深入挖掘其背后的系统工程与技术精髓。书中，读者将被引领至一个由智能化设计、电气控制、节能科技交织而成的未来空间，每一个章节都如同一扇窗，让人窥见建筑智能化的无限可能。通过剖析建筑本体智能化设计的奥秘，让读者理解综合布线、设备自动化、通信网络如何成为智能建筑的神经网络。在节能设计篇章，建筑围护结构、供暖与空调系统被赋予了新的生命，它们不再仅仅是物理实体，而是成为节能策略中的关键棋子，引领着建筑向绿色转型。进一步，书中还探讨了多智能 Agent 技术在智能建筑优化设计中的应用，以及建筑设备管理系统的作用。最后，书中对可再生能源技术在建筑中的应用进行了系统阐述，旨在为智能建筑的绿色、节能、可持续发展提供理论支持与实践指导。

衷心感谢在本书编写过程中给予指导、帮助和支持的所有人。本书的每一点一滴成果，都离不开行业内外同仁的无私分享与交流。对于书中可能出现的疏漏与不足，我们预先致以诚挚的歉意，并欢迎各方指正，以便我们在学习与交流中不断成长。

作 者

2024 年 10 月

目 录

第一章 智能建筑设计导论 …………………………………………… 1

 第一节 智能建筑概述 …………………………………………… 1
 第二节 智能建筑设计的相关理论 …………………………… 10

第二章 智能建筑系统设计 …………………………………………… 21

 第一节 建筑的本体智能化设计 ……………………………… 21
 第二节 智能建筑的综合布线系统 …………………………… 31
 第三节 智能建筑设备自动化系统 …………………………… 48
 第四节 建筑通信网络系统 …………………………………… 72

第三章 智能建筑电气控制系统设计 ………………………………… 85

 第一节 智能建筑中电气控制应用技术 ……………………… 85
 第二节 智能建筑电气控制系统设计的原则与要求 ………… 100
 第三节 智能建筑电气控制系统设计的实践 ………………… 103

第四章 建筑设计中的节能技术 ……………………………………… 108

 第一节 建筑围护结构节能设计 ……………………………… 108
 第二节 供暖系统节能技术 …………………………………… 112
 第三节 空调系统节能技术 …………………………………… 118

第五章 智能建筑的节能环保优化设计 ································· 127

第一节 多智能 Agent 下智能建筑优化设计分析 ················ 127
第二节 建筑设备管理系统在智能建筑优化设计中的表现 ······· 148

第六章 可再生能源在建筑中的应用 ································· 151

第一节 太阳能光热、光伏建筑应用 ······························ 151
第二节 热泵技术及应用 ·· 160
第三节 风力发电技术及应用 ······································· 171
第四节 生物质能源技术及应用 ···································· 176

参考文献 ··· 181

第一章　智能建筑设计导论

第一节　智能建筑概述

一、智能建筑的基本概念

智能建筑（Intelligent Building）是结合现代建筑与高新信息技术而成的产物，它是将结构、系统、服务、管理进行优化组合，获得建成效率高、功能全与舒适性好的建筑，能提供给人们一个高效兼具经济效益的工作场所。智能建筑，其概念于20世纪末诞生在美国。1984年，第一幢智能大厦建成于美国哈特福德（Hartford）市。20世纪90年代，我国的智能建筑才刚起步，但其发展的势头异常迅猛，前景十分乐观。

（一）智能建筑的定义

目前，现代化城市的重要标志之一就是智能建筑。但是，"智能建筑"这个专有名词在国际上无统一定义，因此不同国家对其有不同的解释。

根据美国智能建筑学会的定义，智能建筑是对建筑物的结构、系统、服务和管理这四个基本要素进行最优化组合，为用户提供一个高效率并具有经济效益的环境。

根据日本智能建筑研究会的定义，智能建筑应提供包括商业支持功能、通信支持功能等在内的高度通信服务，并通过高度自动化的大楼管理体系保证舒适的环境和安全，以提高工作效率。

根据欧洲智能建筑集团的定义，智能建筑是使其用户发挥最高效率，同时以最低的保养成本最有效地管理本身资源的建筑，能为建筑提供反应快、效率高和有支持力的环境，以使用户达到其业务目标。

我国根据新制定的智能建筑设计标准确定智能建筑的定义。《智能建筑设计标准》（GB 50314—2015）定义的智能建筑是"以建筑物为平台，基于对各类智能化信息的综合应用，融架构、系统、应用、管理及优化组合为一体，具有感知、传输、记忆、推理、判断和决策的综合智慧能力，形成以人、建筑、环境互为协调的整合体，为人们提供安全、高效、便利及可持续发展功能环境的建筑"。

智能建筑是指利用系统集成方法，将智能型计算机技术、通信技术、控制技术、多媒体技术和现代建筑艺术有机结合，通过对设备的自动监控，对信息资源的管理，对使用者的信息服务及其建筑环境的优化组合，所获得的投资合理、适合信息技术需要且具有安全、高效、舒适、便利和灵活特点的现代化建筑物。目前，国内智能化研究理论界公认其为最权威的定义。

建筑之所以发展智能化，其目的在于应用现代 4C 技术（Computer、Control、Communication、CRT）组建智能建筑结构与系统。在融合现代化的服务和管理方式的前提下，力求提供给人们一个安全兼具舒适的生活、学习和工作的环境与空间。

（二）智能建筑的基本结构

建筑智能化工程（弱电系统工程）主要是指通信自动化（CA）、办公自动化（OA）、建筑物自动化（BA），通常被人们称为智能建筑 3A。起初的智能建筑是结合电话、计算机数据、电视会议等系统，近年来则逐渐地囊括了空调、建筑、照明设备的监控、防灾、安全防护等数字 CA 与 OA 系统。其向着综合化、宽带化、数字化和个人化发展，使智能建筑兼具以宽带、高速、大容量和多媒体为特征的信息传达能力。现在，主流说法为智能建筑 5A：通信自动化（CA）、建筑物自动化（BA）、办公自动化（OA）、消防自动化（FA）与保安自动化（SA）。

智能建筑系统集成是指以建立建筑主体内的建筑智能化管理系统为目的，利用技术综合布线、楼宇自控、通信、网络互联、多媒体应用、安全防范等，完成相关设备、软件的集成设计、安装调试、界面定制开发及应用支持等工作。智能建筑系统通过集成手段并得以实施的子系统有综合布线系统、楼宇自控系统、电话交换机系统、机房工程系统、监控系统、防盗报警系统、公共广播系统、门禁系统、楼宇对讲系统、一卡通系统、停车管理系统、消防系统、多媒体显示系统、远程会议系统等。智能小区系统集成是指功能近似、统一管理的多幢住宅楼的智能建筑系统集成。

智能建筑要求的建筑环境要满足安全性、高效性、舒适性、便利性，这使建筑物需要具备一定的建筑环境且设置智能化系统。智能建筑的建筑环境，不仅要契合 21 世纪绿色环保的时代主题，还应该满足智能化建筑特殊功能的要求，这样才能符合智能建筑化目前的动态发展趋势。

智能化系统需要依据具体的建筑需求设置。安全性方面，需要有火灾自动报警及消防联动控制系统，还要包含防盗报警系统、闭路电视监控系统、出入口控制系统、应急照明系统等实现各自功能的子系统在内的安全防范系统。舒适性方面，需要有建筑设备监控系统来满足对温度、湿度、照明和卫生等环境方面指标的控制，力求节能、高效并且延长设备的使用寿命。高效性方面，需要有通信网络及办公自动化系统，通过创造出一个获取、加工信息较为迅速的良好办公环境，提高工作的效率。

（三）智能建筑系统的组成

按照 3A 说法，智能建筑系统为通信自动化系统（CAS）、办公自动化系统（OAS）、建筑物自动化系统（BAS）。

1. 建筑物自动化系统

建筑物自动化系统集中了监视、控制和管理建筑物或建筑群内的电力、照明、空调、给水排水、防灾、保安、车库管理等设备或系统以构成综合系统。

以下几个方面是建筑物自动化系统功能的主要体现：

①以最优控制为中心的过程控制自动化。建筑物自动化系统为使所有设备处于最佳工作条件，应能够自动监控建筑中各机电设备的启动与停止状态，并检测它们的运行参数；超限报警装置可实现温度、湿度的自动调节。

②以可靠、经济为中心的能源管理自动化。在保证建筑物内环境舒适情况下，提供可靠、经济的最佳能源供应方案。对电力、供热、供水等能源的调节与管理实现自动化，从而达到节能的目的。

③以安全状态监视与灾害控制为中心的防灾自动化。为提高建筑物、建筑物内人员与设备的整体安全水平以及防灾能力，提供可保护建筑物内部人员的生命和财产安全的保安系统。

④以运行状态监视和计算为中心的设备管理自动化。提供设备实时运行情况的相关资料及报表，以便于分析，及时对发生的故障进行处理。依据设备累积运行的时间提出设备保养的报告，以期增加设备使用寿命。

2. 通信自动化系统

通信自动化系统可确保建筑内、外各通信渠道通畅，提供网络支持，以便完成语音、数据、文本、图像、电视和控制信号的收信、传输、控制、处理与利用工作。该系统以结构化综合布线系统为基础，以程控用户交换机为核心，以多功能电话、传真等各类终端为主要设备，是建筑物内一体化的公共通信系统。上述设备是应用新的信息技术来组成智能建筑信息通信功能的"中枢神经"。它既确保建筑物内的语音、数据、图像等传输工作通过专用的通信线路及卫星通信系统连接到建筑物以外的通信网（包括公用电话网、数据网及其他计算机网），又连接了智能建筑中的三大系统构成有机整体，从而成为核心。

智能建筑中的CAS系统主要包括的子系统有语音通信、数据通信、图文通信、卫星通信以及数据微波通信系统等。

目前适用于智能建筑实现信息传输功能的网络技术主要有以下三种。

①程控用户交换机（PABX）。以在建筑内安装的PABX为中心组成一星形网，该网可以连接模拟电话机，也可以连接计算机、终端、传感器等数字设备及数字电话机，并且能便捷地连接公用电话网、公用数据网等广域网（WAN）。

②计算机局域网（LAN）。在建筑物内安装可达到数字设备间通信的LAN，既能连接数字电话机，又可通过LAN上的网关连接各种广域网及公用网。

③综合业务数字网（ISDN）。具有高度数字化、智能化和综合化能力的综合业务数字网，联合电话、电报、传真、数据及广播电视等网络、数字程控交换机及数字传输系统，通过数字方式来实现统一，再将其综合到一个数字网中进行传输、交换和处理等过程，最终实现信息收信、存储、传送、处理及控制的一体化。电话、高速传真、智能用户电报、可视图文、电子邮件、电视会议、电子数据交换、数据通信、移动通信等多种电信服务，用一个网络就能提供给用户使用。用户通过一个标准插口即可完成接入各种终端、传送各种信息的目的，重要的是只需占用一个号码。用户能在一条用户线上同时实现打电话、发送传真、进行数据检索等多项任务。这使综合业务数字网成为信息通信系统发展的趋势。

3. 办公自动化系统

办公自动化系统以行为科学、管理科学、社会学、系统工程学、人机工程学为理论基础，与计算机技术、通信技术、自动化技术等结合，用各种设备取代由人完成的部分办公业务，以此构成由设备与办公人员共同服务于某种目标的人机信息处理系统。通俗地说，就是借助先进的办公设备取代人工在办公室中的操作，包括处理办公业务、管理各类信息、辅助领导决策等。OAS系统的目的是充分地利用信息资源，实现办公效率最大化、提高办公质量、产生高价值信息。

OAS系统可按其功能分为三种模式：事务型、管理型和辅助决策型。

①事务型办公自动化系统的组成单元为计算机软硬件设备、基本办公设备、简单通信设备和处理事务的数据库。其主要作用是处理每日的办公操作，如文字、电子文档、办公日程的管理、个人数据库等内容，直接面向工作人员。

②管理型办公自动化系统是以事务型办公自动化系统为基础，建立紧密结

合事务型办公系统构成的一体化办公信息处理系统而成的综合数据库。事务型办公自动化系统支持管理型办公自动化系统，主要目的是管理控制活动。除事务型办公自动化系统的全部功能外，主要增加了信息管理的功能，使其可综合管理大量的各类信息，共享数据信息及设备资源，实现日常工作的优化，进而提高办公的效率与质量。

③辅助决策型办公自动化系统以事务型和管理型为基础，是具有补充决策和辅助决策功能的办公自动化系统。它不仅有数据库、模型库和方法库的支持，还为需作出决策的课题构建或选择决策的模型，通过有关内、外部条件，结合计算机执行决策程序的方式提供决策者必要的支持。

二、智能建筑的特点

智能控制与传统的或常规的控制并非相互排斥，反而关系密切。智能控制常包含常规控制，它会利用常规控制的方法去解决一些"低级"的控制问题，这样能够在扩充常规控制方法的同时建立起一系列新的理论和方法，以便解决更为复杂的控制问题。

①传统的自动控制的对象有着确定的模型基础，但智能控制对象的模型具有严重不确定性，如工业过程的病态结构问题、现实存在的某些干扰不能预测，导致建模出现困难甚至不能建模。这些问题在基于模型的传统自动控制中难以得到解决。

②传统的自动控制系统存在其输入或输出设备与人及外界环境的信息不能方便交换的问题，因此人们对能接收印刷体、图形甚至手写体和口头命令等形式的信息输入装置的制造十分迫切。只有这样，才能在和系统进行信息交流时更加深入且灵活。与此同时，输出装置的能力要扩大到可以通过文字、图样、立体形象、语言等形式来完成信息的输出。一般的自动装置具有许多缺点，如无法接收、分析以及感知各种可见或可听的形象、声音的组合和外界其他的情况。给自动装置（即文字、声音、物体识别装置）安上能够以机械方式模拟各种感觉的精确的送音器，可以扩大信息通道。令人振奋的是，近几年间计算机及多媒体技术得以快速发展，因此智能控制的发展拥有了物质上的准备，促使智能控制变为多方位"立体"的控制系统。

③传统的自动控制系统要完成的控制任务是使输出量为定值（调节系统）或使输出量跟随期望的运动轨迹（跟随系统），具有单一性的特点。但是，智能控制系统要完成的控制任务一般较为复杂，如在智能机器人系统中，对系统的要求是对一个复杂的任务拥有自动规划并进行决策的能力，可以自动躲避障碍物并运动到某一预期目标位置等。采用智能控制的方式即可满足此类任务要

求较为复杂的系统。

④传统的控制理论在线性问题方面的理论较为成熟，但在面对高度非线性的控制对象时，仅可利用一些非线性方法，且控制效果不太理想。智能控制在解决这类复杂的非线性问题时有较好的方法，为解决这类问题开辟了有效的途径。此外，工业过程智能控制系统还有其他一些特点，如被控对象是动态的，且在控制系统在线运动时要求有较高的实时响应速度等。这些特点使其能够区别于智能机器人系统、航空航天控制系统、交通运输控制系统等智能控制系统，展现了其控制方法和形式的独特所在。

⑤相较于传统的自动控制系统，智能控制系统在人的控制策略、被控对象及环境的有关知识和运用这些知识方面能力较为全面。

⑥相较于传统的自动控制系统，智能控制系统采用多模态控制方式，可以用知识来表示非数学广义模型，并用数学来表示混合控制过程，使用开闭环来实现控制和定性及定量控制结合。

⑦相较于传统的自动控制系统，智能控制系统具有独特的变结构，可实现总体自寻优，具有多种能力，如自适应、自组织、S学习和自协调。

⑧相较于传统的自动控制系统，智能控制系统可以实现补偿和自修复能力及判断决策能力。

总而言之，智能控制系统是借助智能机来自动地完成目标的控制过程。智能机在完成拟人任务时，既可在熟悉的环境，又可在不熟悉的环境采用自动的或人机交互的方式。

三、智能建筑发展的时代要求

（一）系统集成

建筑物自动化系统（BAS）集中监测和遥控整个建筑，包括建筑的中央空调系统、给水排水系统、供配电系统、照明系统、电梯系统在内的一切公用机电设备，以此来提高对建筑的管理水平，降低设备故障发生率，减少维护和营运所花费的成本。下面将一一说明系统集成功能。

①统一监测、控制及管理弱电子系统——集成系统会把分散的、相互独立的弱电子系统，通过相同的网络环境、软件界面，进行集中监视。

②通过跨子系统的联动来提高大厦控制流程自动化水平——弱电系统在实现集成后，可使原来各自独立的子系统在集成平台上如同一个系统，对信息点和受控点不在一个子系统内的情况也能够建立联动的关系。

③数据结构开放，信息资源共享——现今计算机与网络技术处在高度发展阶段，我们可以轻松地建立和形成信息环境。

④工作效率提高，运行成本降低——通过建立集成系统，充分发挥各弱电子系统的功能。

智能化集成系统（Intelligent Integration System，IIS）：通过统一的信息平台，将不同功能的建筑智能化系统集成在一起，形成同时拥有信息汇集、资源共享及优化管理等综合功能的系统。

信息设施系统（Information Technology System Infrastructure，ITSI）：通过综合处理语音、数据、图像和多媒体等各类信息予以接收、交换、传输、存储、检索和显示等，对多种类信息设备系统进行组合，确保建筑物和外部信息通信网之间保持互联与信息畅通，为建筑物提供用于建筑物业务及管理等应用功能的信息通信基础设施。

信息化应用系统（Information Technology Application System，ITAS）：其基础为建筑物信息设施系统以及建筑设备管理系统等。它的存在是为了完成建筑物各类业务和实现管理功能，是一个多种类信息设备和应用软件组合而成的系统。

建筑设备管理系统（Building Management System，BMS）：综合管理建筑设备监控系统和公共安全系统等的系统。

公共安全系统（Public Security System，PSS）：以维护公共安全，综合现代科学技术应付各类对社会安全存在危害的突发事件为目的而构建的技术防范系统或保障体系。

机房工程（Engineering of Electronic Equipment Plant，EEEP）：它是一个综合工程，通过给智能化系统的设备和装置等提供安装条件，保证各系统能够安全、稳定、可靠地运行和维护。

（二）防御措施

在一、二类建筑物中多见智能建筑，一般将防雷等级设为一、二级。一级防雷条件下，冲击接地电阻理论上应小于100；二级防雷条件下，冲击接地电阻理论上应不大于200，公用接地系统的接地电阻应不大于10。在工程中，避雷的一般措施是将屋面避雷带、避雷网、避雷针或者混合组成的接闪器作为接闪装置，利用建筑物的结构柱内钢筋作为引下线，以建筑物基础地梁钢筋、承台钢筋或者桩基主筋为接地装置，采用接地线对其进行良好焊接。接闪装置连接屋面金属管道、金属构件、金属设备外壳，将建筑物外墙金属构件或钢架、建筑物外圈梁连接引下线，以此形成闭合可靠的"法拉第笼"。在建筑物内，智能系统中的设备外壳、金属配线架、敷线桥架、穿线金属管道等装置，连接总等电位或者局部等电位。在配电系统中，高压柜、低压柜在安装避雷器的同时，智能系统电源箱以及信号线箱中需要安装电涌保护器（SPD），以实现综合防御雷击的目的，为智能建筑的安全性提供保障。

（三）安保措施

安全防范系统在实际工作中，应对建筑物的主要环境（内部环境、周边环境）进行全面、有效及全天候的监视，切实保障建筑物内部的人身、财产、文件资料、设备等安全。

现代建筑逐渐呈现高层化、大型化以及功能多样化的特点，这些都对安保系统提出了更新、更高的要求。新时代的安保系统，既要保证安全可靠，又要具有较高的自动化水平和齐全的功能。

安保系统在科技发展及通信技术水平提高的同时，得到快速发展。安保系统应用计算机技术、网络通信技术以及自动控制技术，不断向着集成化、信息化、数字化、智能化的方向发展，其自动化及可靠性程度也越来越高。

（四）节能趋势

智能建筑节能逐渐成为世界性的潮流和趋势。与此同时，建筑节能符合我国改革和发展的迫切需求，具有不以人的主观意志为转移的客观必然性，成为21世纪中国建筑事业未来发展中的一个重点和热点。节能、环保是实现可持续发展的关键，与此相关的可持续建筑，则应该遵循节约化、生态化、人性化、无害化、集约化等基本原则，服务于可持续发展的最终目标。

根据可持续发展理论，建筑节能的关键是提高能量效率。不管是制定建筑节能标准，还是从事具体工程项目的设计工作，都要在建筑节能方面着眼于能量效率的提高。这一点同样适用于智能建筑。业主在建设智能化大楼时，其直接动因是实现高度现代化、高度舒适、低能源消耗并存，以最大化地节省大楼的营运成本。根据我国发布的可持续建筑原则及现阶段国情，设计能耗低且运行费用最低的可持续建筑时，一般涵盖以下技术措施：①节能；②充分利用可再生资源，以减少有限资源的利用与开发；③室内环境遵从人道主义原则；④对场地的影响达到最小化；⑤在艺术与空间搭配上有新概念；⑥实现更高度的智能化。

人类的共同愿望是创造健康、舒适、方便的生活环境，这也是建筑节能的基础与目标所在。为实现此目标，定义21世纪的智能型节能建筑时应涵盖以下几项内容：①冬暖夏凉；②良好的通风；③充足的光照，尽量采用自然光，天然采光与人工照明相结合；④智能控制：由计算机自动控制采暖、通风、空调、照明、家电等，可满足按预定程序集中管理和局部手动控制的要求。在尽量减少资源使用的同时，满足不同场合下人们的不同需求。

四、智能建筑应用技术概述

作为信息时代必然产物的智能建筑,其智能化程度随科技的快速发展而稳步提升。现在,世界科学技术发展以4C技术为主要标志,即Computer(计算机)技术、Control(控制)技术、Communication(通信)技术、CKT(图形显示)技术。通过综合应用4C技术在建筑物内建立一个计算机综合网络,以此达到建筑物智能化的目的。

(一)计算机技术

计算机技术涵盖的门类非常繁多,大致可分为以下几个方面:计算机系统技术、计算机器件技术、计算机部件技术和计算机组装技术等。计算机技术包括运算方法的基本原理与运算器设计、指令系统、中央处理器(CPU)设计、流水线原理以及在CPU设计中的应用、存储体系、总线和输入输出。

作为一个完整系统所运用的技术,计算机技术主要包括系统结构、管理、维护和应用等技术。

①系统结构技术。其作用是使计算机系统拥有良好的解题效率及合理的性能价格比。电子元器件的改进、微程序设计和固体工程技术的进步、虚拟存储器技术以及操作系统、程序语言等,都对计算机系统结构技术产生了重要影响。系统结构技术通过与计算机硬件、固件、软件相结合,并涉及电气工程、微电子工程和计算机科学理论等而成为多学科技术。

②系统管理技术。它是由操作系统实现计算机系统管理自动化的技术。操作系统的基本目的是实现最有效地利用计算机的软件、硬件资源,提高机器吞吐能力、解题效率,改善操作使用的便捷性,提高系统的可靠性和经济性等。

③系统维护技术。它可实现计算机系统的自动维护与诊断。实施维护诊断自动化的主要软件是功能检查程序与自动诊断程序。其中,功能检查程序是针对计算机系统各部件的微观功能,以严格的数据图形或动作重试来进行考查测试,之后比较其结果的准确与否来确定部件是否正常工作。

④系统应用技术。计算机系统目前应用十分广泛。程序设计自动化和软件工程技术均与应用有着紧密联系。程序设计自动化,也就是用计算机自动设计程序,是推动计算机发展的必要条件。在早期阶段,计算机是依靠人工用机器指令来编程,不但费时费力,而且出错率很高,不方便进行阅读和调试修改。

(二)控制技术

控制技术学科整合了电气控制技术、可编程序控制技术、液压传动控制技术等知识,重点介绍了基本电气元件、基本控制环节、可编程序控制器等内容,并有所侧重地介绍了典型电气设备控制技术,可编程序控制器的工作原理和设计，常用液压元件的基本结构、工作原理与应用等。

智能控制技术作为控制技术的一个分支，已成为智能建筑的核心技术。它以控制理论、计算机科学、人工智能、运筹学等诸多学科为基础，扩展了相关的理论和技术。在这些理论与技术中，模糊逻辑、神经网络、专家系统、遗传算法等理论和自适应控制、自组织控制、自学习控制等技术应用较多。

①专家系统。专家系统通过利用专家知识对专门的或困难的问题进行描述。但是，这存在专家控制系统或专家控制器相对工程费用较高的问题，同时涉及自动获取知识困难、缺少自学能力、知识面不够宽泛等问题。虽然专家系统应用在解决复杂的高级推理中获得过成功，但其实际应用相对还是比较困难的。

②模糊逻辑。模糊逻辑是采用模糊的语言来描述系统，可以实现应用系统的定量模型和定性模型的描述，对任意复杂的对象控制均适用。实际应用中，模糊逻辑对简单的应用控制比较容易实现，因为简单控制是单输入单输出系统（SISO）或者多输入单输出系统（MISO）控制。但当输入输出变量增加时，模糊逻辑的推理会复杂得多。

第二节　智能建筑设计的相关理论

一、智能建筑设计的程序

（一）信息加工输入

现场信息、用户信息、项目建设信息、项目环境信息是需要收集、整理的主要信息内容。设计师在接到一个可持续建筑项目任务时，首先要做的就是对项目的要求、资源、环境、条件等处于混杂状态的大量信息做收集、整理和理解的工作，其目的是充分了解服务的一般对象及大致性质、设计的大体内容与规模、实施的有利因与制约因。设计师要扮演的是一位出色的侦探，应尽量摸清包括文字信息、图像信息、数据信息等在内的所有内部与外部信息。任务书只是信息来源的一部分，必须通过现场踏勘、用户调研、查阅资料、调查访问、实例分析五种方法收集建筑项目的更多信息。

到现场是为了获得场地的环境信息及感性认识，现场状况决定了建筑项目启动的基础。用户最清楚建筑的核心功能是什么，业主和用户的意见至关重要，此为设计最根本的出发点。查阅资料对任何可持续建筑项目来说都是不可忽视的，这一环节能为设计提供理论、规范、知识、数据等相关支持和依据。

调查访问是补充现有信息不足的鲜活手段,可以使设计师对项目的背景、条件和问题有零距离的真切认知,获得更为全面深入的信息。实例分析可以为设计提供捷径和参考,剖析设计案例可以从中获取灵感和有益的经验。

(二) 双向需求评估

当从信息加工进入设计前期的分析研究阶段时,标志着整个设计流程的第一次目的对象、思维内容、行为方式的转向,开启的是对可持续建筑项目的系统性"目的—要求"分析。设计首先要考虑的就是用户和业主的利益,但这种考虑一定是以避免对自然环境的伤害为前提的。业主作为"最后的决断者",拥有最高的话语权,决定着建成一个什么样综合性能的可持续建筑。用户作为"最终的权威",是决定建筑功能与品质的最关键一方。但建筑的存在和运行应尽量避免对所处的周边区域环境造成不良影响,建筑在整个生命周期过程中应尽量减少对自然环境的不良影响。将环境扰动控制在自然生态的承载范围以内,是实现建筑可持续目标的基础。以人为本与环境保护是项目方案重点要设计的核心的可持续功能,对两者的双向需求评估是一个从整体至细节、从宏观至微观、从复杂至简单的可接受度平衡的求解过程,它呈现出的是项目方案所必须构建起的功能价值属性的粗壮两翼,是建筑完整的最本质需求内容。

就业主需求的评估,设计师要准确理解业主对建筑项目的价值期望,一般是侧重在经济利益上;就用户需求的评估,设计师要真正体会使用者对人居环境的具体要求,包括实用、舒适、美观等许多复杂因素,需要深度思考居住、工作、交往、娱乐等内容。在对此两者需求做确认之前,设计师往往需要与业主和用户进行深入沟通,让他们认识到可持续与主体需求的内在一致性,以及在经济上的可行性和环保上的必要性,帮助其调整思维,厘清正确的建筑概念和环境观念。以保护生态环境的方式实现建筑的最主要功能,便是从根本上给予建筑项目一份在生态环保设计方面的重要品质保障。在设计定向阶段,对建筑的整个使用情景过程及其环境影响要有一个预判,在信息组合模型范围内做尽可能多的场景假设,连接"空间—适用"和"环境—生态"这两个目标,以核心节点衔接多方面的子项目任务,统摄各个要素之间的紧密关联和相互制约来考虑问题,通过悉心反复的双向分析,从各种信息解构重组和需求发掘中导出设计需要解决的最主要问题,以及建筑项目大致方案的意向与头绪,为全面可持续价值的分析搭建好基础和主要框架。

(三) 三重系统协调

对可持续建筑项目在人、社会、自然三个方面所应具备的功能价值的全面分析,是设计前期分析中的又一个主要内容——在使用需求和环境需求确定的基础上,叠合更宽广维度的价值需求内容。可持续建筑不仅存在于给定环境中，还存在于一个"社会—经济—环境"的复杂环境系统中。设计师要扮演一个极具洞察力的问题分析者，真正去理解可持续视野下相互依存、相互影响、既有矛盾又要共处的多重需求及其价值关系。首先，满足人的需求是可持续设计的最终目的，但其范围不能只限于建筑的使用者和拥有者，与建筑项目有关的所有人的需求，以及项目对人们可能形成的影响，也应该是设计人员要考虑的内容。其次，可持续性的需求分析必须充分顾及社会的构成和运转的复杂性和流动性，探索建筑项目涉及的诸多因素或事物在经济、文化、伦理等社会层面可能产生的正效应和负影响，以及目前所亟待解决的重要问题。最后，环境保护是可持续建筑的基本底线，所有维度的需求或价值评估，都必须将环境影响控制在可以接受的范围内，并尽可能做到利于环境保护和促进生态平衡。

　　三重系统的价值需求拟合应本着"环境—建筑—人"三位一体概念下的人本意识、环境意识、社会意识、经济意识、文化意识、可持续发展意识，借助生态学、社会学、心理学、经济学、管理学、伦理学、艺术学、民俗学、政治学等学科和专业的原理、规律、方法，依据项目资源和实际条件，通过逻辑思维和感性认知的分析、比较、判断、推理、取舍、综合来就两个内容形成认知。一是厘清建筑项目的管理者、生产者、拥有者、使用者、关注者等一切利益相关者对项目的价值期望，以及各种利益诉求的详尽要求，并分析它们之间重合、互补或冲突的交互关系；二是做建筑项目的目标内容的综合平衡分析，全方位考察在适用功能、美学表现、环境生态、社会效应、文化意义、经济价值等方面所应创造的大体价值内容。依此两项分析结果深入探索并揭示多需求因素结构，可以初步判断建筑项目中需求与价值之间的对应关系。

　　全面要求整体性、统一性、协调性的设计目标定位阶段，可以形象地比喻为在一个围绕两根主轴张开的复杂网络上不断加载集成更多元的价值需求，对它们的拟合效果取决于需求加载容量和分析处理后获得的多需求一致性程度和整体价值增量程度。此过程需要设计师首先对建筑全生命周期内将会面临和要解决的多种复杂需求问题做出预判，并在信息结构框架下通过要素变量的不同组合方式进行尽可能多的动态假设，针对每一项"需求—价值"要素的分析，都必须考虑到它与其他要素之间的关系是否协调，以及它与所有利益相关者之间的利益关联度。这往往需要经历一个全盘考虑、冥思苦想的艰辛探析过程，也需要做大量的需求沟通、经验交流、意见商议、解释劝导的组织协调工作，其中说服业主是重要一环。一套业主和用户没有异议并且项目所有利益关联者都能够接受的价值组合结构，是从项目的复杂信息世界走向方案起步的转折突破口和设计发生的支点。

(四) 方案模型建构

从设计前期分析进入设计阶段，标志着整个设计流程的第二次目的对象、思维内容、行为方式的转向，开启的是对可持续建筑项目的方案探索。将信息、需求、价值进行逻辑化的感性处理，转化为流程要求、性能指标及设计过程中的评价标准，输出满足所有要求的综合解决方案，形成可视化、数据化、具体化的显像表达，此为该阶段设计任务的内容和目标。这是一项平衡多维功能需求和拟合丰富价值属性的创造性工作。设计师要扮演一位主导方案设计的协调者，组建一个或多个设计专业团队，并调动各方专业人士的参与积极性和工作能动性，在功能性、生态性、艺术性、情感性、文化性、伦理性、经济性、社会性等意义维度展开方案设计进程，共同探索如何用最小量的资源、资金、人力与时间成本消耗，最有效的技术与设计策略，最低限度的自然环境干扰，最简单的管理运作方式，创造出一个功能和服务最大化、最优质、最多种的可持续建筑。

设计有两个起点：现实的起点是场地，方案的起点在平面。从场地开始，由外向内、由大到小、由表及里——场地规划、建筑布局、单体建筑、空间功能、环境细部的方案渐进式进程，在保持平面、立面、剖面、总平面的全局眼光的同时，应始终将平面作为方案的主导。各种手工的和计算机的图、模型、模拟、文本是推进设计的工具载体，在脑、眼、手、图（模型、模拟、文本）的交互反馈过程中，首先进行的是对建筑功能的要求分析，包括空间体量、功能定义、组织形式等实用性分析，空气品质、光热环境、风环境、声环境等舒适性分析，运行、维护、管理等运营性分析，以及形态、空间、环境等形象性分析等内容。

在此详细分析的基础上，要依据场地环境、自然题材、城市文脉、传统元素、材料属性、技术结构、新潮概念、时代主题、情感特质、兴趣品位等等方面的形象、数据、资料及其特征，进行建筑方案的立意、构思、创作。要整合人员、资金、工具、平台、环境等设计资源，组织绿色材料、适宜技术、节能设备、建筑构件等建筑构成要素，进行平面设计、竖向设计、结构设计、环境设计、形式设计，并同步探索整个方案在人、社会、自然三个方面可能产生的其他可持续价值。要以建筑可持续属性的最大化为导向，将功能概念与空间精神演绎成建筑语言和工程技术形象，生成内容与形式完整，尺寸、细部、技术问题等均较为详细的设计方案。

在方案设计阶段，设计伊始就要考虑设计内容和发展维度的多样性特点，以及设计要素的独特性和耦合性特点，运用建筑哲学与理性思维、灵感与想象力、知识与经验，吸收、分析与整合各个相关专业领域的信息、知识、技能，对问题加以全面而适当的表达。对于建筑在整个生命周期中的品质、性能表现问题，以及外部需求、环境、条件的变化问题，要尽量做到周全考虑，包括项目末期的申报绿色建筑标识问题。每一步设计都要有预设前提和条件框架分析。众多投入要素所转变而成的建筑功能系统必须是一种物质能量信息的格式塔，应能产生比输入之和更大的效用输出。

此阶段是一个紧张激烈、深思熟虑的辛勤创作过程，也是主要设计人员最为专注、创造性劳动最多的一个阶段，所有设计参与者都必须紧密合作、反复沟通、分享有益建议，协助设计人员实现方案的可持续目标。这样的建筑项目方案往往没有唯一解，设计的方案和模型可能是多种多样的，应依据项目的规定性和客观条件，优选出一个或若干个"价值—成本""利益—代价"综合权衡相对较好的设计方案。

（五）交互反馈优化

在确定建筑项目方案之前，必须有一个对方案设计的再调整、再完善、再优化过程，因为设计常常需要在信息不充分和条件不确定的情况下做出决策，没有不经过严密试验、反馈和迭代而成功的方法。根据多方综合设计评价可以判断方案的设计效果，若与设计目标相符，则参评方案即为最终的优化方案，否则，必须根据评价意见调整方案和模型中问题变量，重新建立项目内在结果和外在规定性之间的关系，对方案的某些内容或要素进行细化完善或修正优化。若经过多种多次迭代后的设计方案仍然无法满足评价要求，则需要返回到信息收集、前期分析、方案设计流程中的几个或全部环节，做信息增补或信息关联协调或价值需求分析，再次进行部分方案或整个方案的设计，对多个迭代后的方案进行鉴别比较，反复尝试、总结、优化方案，直到获得所有参评者都感到满意的最佳方案。

设计方案的适用功能、物理环境、资源消耗、环境影响、空间意义、项目成本、技术策略是考察、评价、优化的对象，对它们的优化主要是对以下建筑项目内容的设计效果进行追问和不断完善：适应当前多种功能的建筑是否同样能满足未来发生变化的功能；热、光、风、声、电、水、网络等是否都能随外部环境变化而做出相应的调整，始终使内空间和外环境处于舒适感受水平；建筑建造、运营、处废三个阶段的能源、材料、水、设备、构件的组合选择是否能最大化地节约所有资源；建筑全生命周期里是否产生最少量的废水、废气、固体废弃物排放量，是否不会产生光污染、声污染、电磁污染等；建筑造型、空间、环境是否能准确地表达出设计要求所预期的艺术效果、情感内蕴和文化含义等精神内容；人力、物力、财力、时间等的组合是否能将项目总成本降到最低；技术手段及设计策略是否最适用于本项目，是否最大限度地挖掘了建筑项目在社会、经济、伦理等维度的可持续价值。

设计方案的深化迭代阶段是一个信息反馈、调试优化、循环设计的过程，具有最为明显的非线性和动态平衡性特征。方案有效调整的每一次决策和推移都是一股向上的抬升力，每一步骤都近似于一个自我完善的圆。对设计方案的迭代优化需要专家、项目受众、设计人员的参与，计算机软件是辅助方案优化的重要工具。各领域专家能给予具有专业深度的技术性意见，一般受众能从主观感受的角度提出有价值的问题看法，计算机软件能就建筑全生命周期中的绝大多数内容、要素、过程给出客观量化的模拟与评价。优化设计应尽可能让每次子循环都形成与新概念相联结的多向交流，并保证在迭代过程中实现"真实信息"的最大化，同时也应注意方案"更上一层楼"与投入成本的平衡。这一阶段应确定出设计的最终方案，此时相应的建筑项目方案图纸、计算机模型、设计说明文本等内容也都应当制作出来。

（六）拟对象化输出

可持续建筑项目方案确定后进入设计末期的施工预备阶段，标志着整个设计流程的第三次目的对象、思维内容、行为方式的转向，开启的是对设计方案实施的规范呈现。通过施工图和文本说明的形式，依据当地的法律规范和科技环境条件，在建筑项目方案的基础上对方案进行的二次设计——以确切的深度展开之方式表达出设计师的设计意图，并用工程语言和管理语言清楚地传达给建造者和管理者，此为该阶段设计任务的内容和目标。

设计师首先要做的是对建筑项目方案进行补充和完善，使功能的结构对位更加明确、各种细部更加符合实际建造标准和工艺要求。其次要做的是依据对项目方案与施工作业规范的要求，绘制尺寸、比例、材料、节点等内容明确详细的施工图纸，并编写图纸中未表明的部分和说明施工方法、质量要求等内容的施工说明书，主要包括工程概况、设计依据和施工图设计说明三部分内容。再次要做的是依据施工图设计及其要求，编制包括名称、规格、特性、价格等信息的材料清单，制定包括人工费、材料费、机械费等费用明细的工程预算表。最后要做的是拟定可持续建筑标识申报计划、使用后评估方案、试运营方案、管理与维护计划等建筑项目的质量保障措施内容。

设计师在将建筑项目推进至实施设计之时，应向建筑工程的所有负责方和相关支持方等完整地说明项目的设计目标和原则，与他们共同分析施工的重难点和过程中发生隐患的可能性，以避免耽误工期的现象发生，确保设计方案按照原设计意图实施。施工图纸的详尽程度应能达到可据此编制施工图预算和施工招标文件的要求，并能在工程验收时作为竣工图的基础性文件。施工说明书需要由一位有经验的可持续建筑专业人员完成，以建筑的可持续设计为重点，以可持续建筑标准的质量认证水平为要求，尽可能提供关于建造过程要求的详细附加说明，且必须有量化的、清晰的、可检查的指标和要求。施工招标文件必须明确可持续建筑性能目标，尤其是要有对能源与环境性能的必要阐述和解释。方案落地之前的准备阶段在一定程度上弱化了建筑项目进程中的思维和非理性要素，表现出推进设计实施的理性和实用性，这一"承启性"完结程序是将项目方案付诸实践的重要步骤，应完成工程施工所需要的全部设计资料和辅助资料，保证建筑方案及对项目的设想能够顺利转化为具体的建筑形式和功能，并以社会理解和认同的方式呈现出来。

二、智能建筑系统设计内容

（一）智能建筑的自动化系统设计

自动化系统在智能建筑中广泛应用，主要包括通信网络自动化系统，办公自动化系统和建筑设备自动化系统，明确上述系统的设计之后再进行智能建筑的设计。在一般建筑中，自动化系统设计已经有所体现，在自动化的基础上为最大限度地提高自动化利用率，智能建筑需要加强对通风、火警、变配电、给排水等各种设备运行状态的监控，以达到统一管理、分散控制和节能减排的目标。

（二）智能建筑的通讯系统设计

以综合布线为基础的通信网络自动化系统为保证智能建筑通信的畅通，需要利用多种设备完成对语音、图像、控制信号的利用和传输，因此在设计之初，就要以 EIA/TIA 的建筑布线标准作为依据。维护费用在传统建筑物中占比高达 55%，综合布线系统较好地解决了此类问题，不过当 UTP 符合要求时，综合考虑后选择 PBS，不需要刻意使用 STP 或 SSTP 追求隐秘和安全。

（三）智能建筑的办公系统设计

人们对办公系统自动化的要求随着现代社会数据处理量和文件资料数量的增加进一步提高，可以通过计算机与通信技术实现。办公自动化系统主要包括主计算机、传真机、声像储存设备等一系列办公设备，办公自动化系统可以帮助用户实现自动化的办公。

仅仅是简单地将上述系统叠加起来是无法起到预期的作用的，针对智能建筑规模大小，设计相应的集成技术，为达到有效利用三大系统的智能建筑功能、共享信息、管理信息的目的，需要把分散的信息和设备统一集成在一个综合管理系统中。通信协议和接口符合国家标准是实现系统集成的前提。智能建筑已经不能满足于眼下常见的开放式数据互联技术、过程控制技术，Web 服务 IP 以太网这种类似的先进的新型集成技术应该在智能建筑的设计中得到应用,以确保集成的效果。

三、智能建筑的内部结构设计

天花板、屋顶、墙面以及地面等属于智能建筑内部结构设计的范畴。

（一）智能建筑的屋顶的设计

智能建筑屋顶是其与外界环境交换的主要部分影响着智能建筑的使用性能和居住,在考虑防雷的同时,综合考虑对太阳能和风能的利用,达到节能减排的目标,践行绿色环保理念,防雷措施可以考虑加强传统防雷设备、等电位连接、接地等方面着手。另一方面,屋顶也是多种设备集中运营的空间,需要全面考虑优化资源空间,设备摆放情况,降低设备运行的噪音、电磁场等因素。天花板在设计时需要考虑天花板材质和性能,天花板负责淋浴、照明和送风系统的走线和出口任务。

（二）智能建筑的照明系统设计

另外为避免出现因智能建筑中视觉显示设备过多导致的眩光问题,这就对照明系统的设计提出了较高的要求,垂直和水平间的关系以及灯具摆放位置需要合理有效。同时,由于照明系统能耗占智能建筑总能耗达70%,应选择节能灯具降低能耗。地面可以设计为架空便于对线路进行控制。智能建筑中墙面不仅仅可以起到隔断和出站口作用,墙内也可以作为布置各类传感器的空间。

（三）智能建筑的节能设计

当今社会倡导保护环境,节约资源,因此高效利用能源,充分利用自然资源,也是智能建筑设计时的重点考虑因素,智能建筑的根本特征之一就是能源的高效利用,通过设计节能器具,降低智能建筑的能耗标准,综合考虑智能建筑在能源消耗方面的消费,实现节能状态下智能建筑的正常运行状态。

综上所述,智能建筑的设计是智能建筑发展的灵魂,在进行智能建筑设计时,对于三大系统之间和内部结构的科学合理地设计是保障智能建筑发挥其作用的前提。智能建筑需要将数字与文化,科技与生态结合起来,打造符合人类学需求的智能建筑。

四、智能建筑设计模式

对于智能建筑而言,设计是非常重要的内容和环节,智能建筑本身的智能化水平是和建筑设计的情况有着直接联系的。这便需要重视智能建筑设计的管理工作,根据需要不断地对设计方案进行优化,将智能建筑的作用真正的发挥出来,给居民提供更好的服务。本文主要探讨研究了智能建筑的设计,并根据需要找到了一些设计方法,希望能够推动智能建筑更好的发展和进步。

随着计算机技术、电子科技技术的不断进步和发展，建筑也呈现出了智能化的趋势，各国对智能建筑愈加的重视，智能建筑的出现也改变了建筑行业，改变了以往建筑的功能和结构。智能建筑不再仅仅是以往的砖石结合体，而是将现代科技很好地运用了进去，让建筑的灵性更加出色，智能化水平很高。智能建筑也是将来建筑发展的一个方向，但是就现在而言，进行智能建筑设计的时候，方法还没有真正的成熟完善，必须采取措施重视建筑设计水平的提高，不断地对建筑设计措施进行完善。

（一）智能建筑设计的情况和特点

和一般的建筑设计有着明显的区别，在进行智能建筑设计的时候，必须要把科学技术结合在建筑结构设计中去，并且还应该重视可持续发展理念的体现，这也是进行智能建筑设计的一个最基本原则。在设计智能建筑的时候，除了确保其能够很好地满足人们的实际生活需要，还应该重视环境的保护，节约能源，降低出现的资源浪费，这便要求在进行智能建筑设计的时候，应该将下面几项特征体现出来。

1. 节约性

在设计智能建筑的时候，应该重视现代科技的使用，重视资源消耗的降低，从而达到节约资源的目的。降低能源消耗指的是减少使用那些不可再生的资源，而重视清洁能源的使用和新能源的研发。在设计的过程中优化自然采光和通风，将风能、太阳能、地热能等新型能源利用进去，改进以往的暖通空调系统、照明系统以及排水系统等，重视能耗的降低和资源的节约。

2. 生态性

生态性在智能建筑中主要的表现便是绿色设计，这便要求建筑设计人员在进行智能建筑设计的时候，必须重视建筑和自然环境本身的协调工作，将现有的自然景观利用起来，在降低环境破坏的同时，促进自然和建筑更加和谐的发展。

3. 人性化

在进行智能建筑设计的时候，首先应该保证自动化控制系统的先进性，从而对整个建筑进行调节，给人们提供一个事实的环境；其次，应该保证通信网络设施的良好，这样能够保证整个建筑信息数据流通的畅通性；再次还应该提供商业支持方面的功能，从而不断地提高整个建筑本身的工作效率和服务质量；最后还应该保证排泄系统的良好性，在保证无害的同时还应该更好的方便人们的生活。

4. 集约化

在智能建筑中，集约化也是其节能型体现的重要方面。以往在进行建筑设计的时候，往往会重视建筑的宽阔和大气，建筑本身的空间会比较大，并且开放性比较的强，这样不仅会导致资源浪费的增加，对管理应用更好地进行也非常的不利。这便需要在进行智能建筑设计的时候，重视空间资源的合理利用，将各种设计手法利用起来，提高空间的利用效率，实现集约化，重视能源的浪费，提高智能建筑设计的实际水平，让建筑本身更加的人性化和紧凑。

（二）智能建筑设计的方法

1. 智能建筑地面设计

在进行智能建筑地面设计的时候，可以将预制槽线楼板面层、架空地面以及地毯地面利用进去，架空地面本身布线的时候容量会比较大，并且布线方便。双层地面在进行弱电和强电布置的时候，可以分开进行，可以将其运用到旧楼改造中去，但是会导致地面出现高差的出现，在里面居住的时候很容易有不方便的感觉。在办公自动化的房间中，楼板面层预制线槽都可以运用进去，不会出现高差，施工的时候也非常的方便，可以在面层的十厘米以内进行布设。在方块地毯的下面进行布线系统的布置，这种情况在层高受到限制的时候使用比较多，需要分支线路本身的线路和交叉点都比较少，施工的时候一般会使用扁平线，并且施工非常方便，但是在施工的过程中应该注意将其和办公家具结合在一起，做好防静电处理，保证使用的安全性。

2. 智能建筑的墙面设计

在智能建筑中，进行墙体设计的时候，除了需要做好隔断，在墙面上还可以将出线口做出来，在墙体中还可以将控制设施以及传感器布置进去。

3. 智能建筑的天花板设计

在智能建筑中，天花板负责的任务比较多，比如说送风、照明、出风、喷洒和烟感等等，此外还会在天花板中走线，所以必须做好天花板设计，保证设计的实际质量。

4. 智能建筑的专用机能室设计

（1）中央控制室

在智能建筑中，中央控制室的作用非常重要，其需要监控建筑的安全情况、设备运转情况等。

（2）咨询中心

咨询中心中需要进行电脑、电子档案、多功能工作站、微缩阅读、影像设备输出和输入、闭路电视等一系列设备的配置。在进行电视会议室设计的时候，应该考虑到配电、光源、音像以及照度等等，保证设计的合理性。

（3）决策室设计

在智能建筑中进行决策室设计的时候，需要考虑的综合因素比较多，比如说音像、会议、声音、通信系统以及电脑等等。此外，在设计的时候，还应该考虑搭配电脑机房、接待柜台等等。

5. 智能建筑的屋顶设计

在智能建筑中，建筑屋顶是直接和自然接触的一个空间，作用非常重要，一般情况下，在时能建筑屋顶上面会布置很多的设备，这便要求设计师在进行屋顶设计的时候，除了需要考虑到屋顶的绿化和美观，还应该将太阳能风能吸取的设备布置上去，将大自然提供的物质和能量很好地利用起来，与此同时，还应该根据需要进行防止自然力量侵袭的设备，做好预防方面的措施。此外，还应该充分的考虑和了解设备运转的时候，产生的噪音、振动以及电磁场等等，在电缆穿过之后，怎么做好漏水防治，做好电线基座防震、防风以及防水方面的设置，保证建筑功能的发挥。

6. 智能建筑外部空间设计

在建筑中，外部的开放空间具备功能方面的要求，建筑外部空间，根据其功能可以分成人的领域以及交通工具的领域。在设计的时候，为了保证人逗留空间本身的舒适感，一般会将空间限定的手段利用进去，来进行封闭感的营造。在进行封闭感营造的时候，无论是将墙运用进去还是通过标高的变化都可以进行不同程度封闭感的获得。并且外部空间和内部空间具有明显的不同，其流动和开放的特点比较明显，在进行区域限定的时候，可以将意念空间设计使用进去。建筑师可以重视空间布局本身的独特性，来进行功能分区的协调。

并且在进行建筑外部空间确定的时候，还应该和城市规划结合在一起，人们的生活习惯和日照情况都具备明显的不同，空间尺度的不同，给人的感觉也是不同的，这便要求建筑师必须重视尺度差异的运用，进行外部空间形态的创造。想要让外部空间更加的丰富和有序，便必须和空间层次结合在一起，保证期秩序。一般情况下，外部空间序列的时候，一般有两种形式分别是曲径通幽和开门见山。

随着社会和时代的发展和进步，建筑智能化也是建筑发展的大趋势，这便要求建筑设计师必须认识到智能建筑设计的重要性，根据需要不断的改进自己的设计理念，将新的设计手段和方法运用进去，提高建筑本身的智能型，将其功能更好地发挥出来。

第二章 智能建筑系统设计

第一节 建筑的本体智能化设计

一、智能建筑的特殊功能需求及其设计要求

在智能建筑的设计中,有一些与智能布线相关的特殊功能需求的内容,相应地在建筑空间设计上也有要求。以下简要地介绍智能建筑中的相关内容。

(一)设备室

设备室设置的目的是为了容纳空调、安全、火警控制、照明及管理信息的数据终端机,其内部应安排有主配线架、计算机终端、备用电压保护等。设备室的环境要求较高,通常情况下,房间应远离电磁干扰源(如变压器、发电机、雷达等),避免可能的泛水区域,常年温、湿度要控制在一定的范围内,不允许管道、机构设备或电力电缆穿过。在工作站数目尚不能确定时,一般按照每 $10m^2$ 用户工作站面积需 $0.07m^2$ 设备室面积来计算。

由于外部电缆在进入建筑 15m 内就需要由建筑内交换机来终接,并同时提供主电压保护。所以,设备室通常安放在地下一层(或建筑的 1,2 层),并距离建筑外墙不宜大于 15m。

(二)监控室

监控室内主要设置各类监视及控制设备,如火灾报警及消防控制设备、电梯运行监控设备、室内温湿度监控设备、紧急广播设备、安全监控设备、电源工作监控设备等。监控室对环境要求通常也较高,要与周围房间进行防火分隔,室内照度应充足、均匀,光线不能直接照射在显示屏上,以免产生眩光,温湿度亦应有一定控制。为了防尘,进入控制室前,应设有更换衣服和鞋的缓冲室。

监控室的面积通常较大,面积一般在 $50\sim80m^2$,留有一定扩展余地。位置安放在地下一层或首层均可(有时可将监控室与设备室合并设计)。

（三）电信间

电信间是电缆在垂直方向及干线和水平通道在水平方向的连接点，它包括有缘语音设备、数据通信设备、终端区和交叉连线。当楼层的服务区域大于 900m^2 时，每 900m^2 宜采用一个不小于 3m×3.3m 的电信间。当电信间与工作区域的距离超过 90m 时，每层就需设一个以上的电信间。

设置时宜与强电配线间分开。通常置于每层中部，以便电缆进出。

（四）共用天线电视和卫星电视接收设备

目前，越来越多的智能建筑都安装了共用天线电视接收系统和卫星电视接收系统。共用天线电视接收设备一般设在建筑物的制高点，建筑物的屋顶应留有足够面积并设置相应的固定点。卫星电视接收设备即可设在屋顶，也可设于地面。当设于屋顶时，处留有足够空间外，还要适当考虑设备的荷载，采用局部加强结构强度的做法以保证安全；当设于地面时，应与周边设施协调布置，尽量避免周围环境对接收信号的干扰。

（五）电话程控室

智能建筑常设置独立电话程控室。其大小应与楼内的电话门数确定。为了缩短布线距离，减小信号衰减，电话程控室宜设在五层以下。

从智能建筑的新变化中不难看出，智能建筑新增的一些功能要求和空间都是基于办公自动化的需求而产生的，与通信工程、自动控制专业、设备专业联系相当紧密，土建方面的变化主要是随通信、自控、设备的要求而改变和调整的。建筑设计与通信、自控、设备方面的设计宜在智能建筑的设计初期就实现并行，以建筑设计为龙头，协调通信、自控、设备系统的设计，才能确定出较为妥当的设计方案。

二、智能建筑标准层设计

由于一幢办公楼自身的功能较统一，内部空间规律性较强，标准层设计越来越重要。通常，标准层包括两部分，即核体部分和壳体部分。在设计中，常将楼梯、电梯、设备辅助用房、管井等集中布置，竖向贯通，并与相应结构构成坚强的"核心"，用以抵御巨大的风和地震侧移，这部分就是核体，而核体以外日常办公使用部分则被称为壳体。

智能建筑的标准层大致也可分为两部分，其中：壳体部分就是办公空间，而核体部分由服务空间、交通空间和设备空间组成。与普通办公楼标准层相比，智能建筑的标准层又有一些新的变化。下面分别对智能建筑标准层的面积、核体部分和壳体部分进行简要地介绍。

(一) 智能建筑标准层的面积

平面利用率是确定智能建筑标准层规模的关键因素。平面利用率是指壳体部分面积（也就是有效使用面积）占整个标准层面积的比例数。通常来说，比例数越高，平面利用率越高，经济效益也越好。但在实际工程中，这个比例数有一个合理的取值范围。这是因为在标准层中，除了包括壳体部分的面积以外，必然还要包括核体部分面积与结构面积，这两部分面积的大小同样影响着平面利用率。在办公楼标准层面积一定的情况下，这两部分的面积如果大了，势必会减少壳体部分的面积，使用利用率降低，但如果为了提高利用率而盲目地缩小这两部分的面积，则会降低核体的交通、疏散能力，影响设备系统正常运转，甚至会影响整个建筑的使用与安全。

当层数一定时，标准层面积在 2000m² 左右时，平面利用率最高，大约在 78%。当标准层面积小于 1500m² 或大于 3000m² 时，平面利用率则大幅度下降。这说明虽然标准层面积可以减小，但由于作为功能需要的核体部分的面积与结构面积是有最低限度要求的，不能随意减小，这样就只能缩小办公面积，从而导致平面利用率降低；当标准层面积增大时，每一层的使用者就会增多，对交通、设备的需求量相应增大，外围结构面积也要增大，并且它们的增加幅度会高于标准层的增加幅度，也会导致平面利用率降低。

平面利用率同时还受到层数的影响：层数越高，平面利用率越低。这是因为当层数增加时，垂直交通和运输问题就变得越来越重要。为了有效解决这些问题，就必须增大核体部分的面积。虽然标准层的规模在 2000m² 左右时，平面的利用率最高，但这只在建筑属非超高层建筑的前提下成立。在此条件下，考虑到智能建筑内采用大空间办公室，设备要求高，管线较多，相应核体部分面积会有一定增加，其标准层规模宜在 2000~2500m²。

(二) 智能建筑的核体

智能建筑的核体主要由服务空间、交通空间、技术空间三部分共同组成。其中，服务空间包括卫生间、开水间、储藏间等，交通空间包括电梯、楼梯、走廊等，技术空间包括一般设备管井、智能布线管井、设备用房等。它们是整个智能建筑的中枢部分，不但承担着大楼垂直交通运输的任务，而且全部的附属服务设施都集中在这里，各类管线、智能化布线系统也要通过他们实现层与层之间的连接。智能建筑设计的核心是标准层，而标准层设计的核心就是核体。

1. 核体的布局形式

核体的布局形式一般按照其在标准层中的位置可分为三类：集中式、分散式和综合式。集中式是将核体集中起来，在标准层平面中独立成一个区域。按照其所处位置又可再细分为中心式、对称集中式、偏心集中式及独立集中式。中心式为核体居中,壳体环绕核体构成。这种形式的壳体部分与核体部分接触最充分,适合不同面积大小、平面形式、纵横比例的标准层平面,易于满足不同功能、规模、层数的布置方式,在实际工程设计中被普遍采用。

分散式就是指在一个标准层平面中布置有两个或多个核体的形式。这种形式一般适合于面积较大的办公建筑,结合交通、防火分区的具体要求,把电梯、楼梯设备辅助用房及各种设备管井分散地布置在每个分区的合理位置上。这样能较容易地满足办公建筑的防火和交通组织要求,并可丰富造型设计。

综合式则是根据不同的环境、场地、层数、使用功能、结构、设备等因素的要求,在一个标准层平面中采用多种核体的布局方式,可称为综合式。它可兼备各种布局的优点,但如果设计不当则会导致使用和管理不便。从国内外智能建筑的发展趋势看,智能建筑的核体趋于分散和分离,已开始大量出现中庭空间设计,综合式的布局逐渐增多。

2. 智能建筑核体的规模

实际工程中,在满足了消防安全、交通、使用要求的前提下,尽可能将核体的规模控制在最小范围,以提高平面利用率。但在智能建筑中,核体的规模将有所增加,这主要是由于其技术空间中,智能布线需要增加面积所致。据调查,智能布线所需面积约占标准层总面积的1.1%,最大达4.3%。

国外智能建筑核体部分在标准层中所占的比例普遍高于国内智能建筑核体在标准层中所占的比例。其主要原因是国外这些智能建筑的标准层规模通常较大,因此其核体部分的面积相应也要加大才能够满足交通、服务、防火安全等方面的使用要求;而国内智能建筑的标准层规模一般不大,所以也不需要很大的核体面积。而当标准层面积在2000m^{2}左右时,可达到较高的平面利用系数。

(三)智能建筑的壳体

智能建筑的壳体部分(也就是办公空间)主要包括两种房间:一是办公室,多以大空间形式存在;二是会议室,由于经常需要配置计算机、远程通信系统或是电视、电话会议系统等自动化设备,所以又被称为专用功能室。办公室的尺寸会因时因地而异,在设计时,应根据建筑的外围尺寸、使用者的要求、设备的具体尺寸并结合室内布置来确定,突出表达办公单元的概念。

三、智能建筑动态立面设计

(一)动态遮阳系统

1. 附加动态遮阳系统

传统建筑固定的遮阳系统不能够根据太阳的位置调节遮阳角度,遮阳、视线及日光利用功能相互冲突。动态遮阳系统则可以根据每天及不同季节内的太阳运行轨迹,调整遮阳角度,在实现遮阳的同时优化其他影响因素。

卡耐基·梅隆大学建筑与性能诊断中心罗伯特·普瑞格智能工作室(Robert Preger intelligent Workplace)立面外层由自动控制的高强反射玻璃遮阳板构成。遮阳板太阳直射光的透射率只有14%,计算机控制系统根据室外安装的光线感应器决定遮阳板的角度,在遮阳模式与导光模式之间切换。当遮阳板处于垂直状态时,在实现遮阳功能的同时也不会完全遮挡视线;当遮阳板处于水平状态时,可以加大自然光的入射深度,将光线反射到室内顶篷。

如果同时追踪太阳的不同高度与方位角,还可实现更为精确的遮阳。在1992年西班牙塞尔维亚博览会西门子展馆中,高17m、宽28m贯通建筑全高的曲线型建筑遮阳系统悬挂在屋顶支撑上,围绕圆形建筑周边追踪太阳不同的辐射轨迹,同时调整遮阳板的角度,既遮挡直射光线又反射光线进入室内。不断变换位置与角度的遮阳板赋予建筑独特的高科技外观形象。

2. 智能玻璃

智能玻璃是在传统玻璃上镀一层薄膜,这层薄膜可以根据室外变化和用户需求改变光线的透射率。智能玻璃分为被动与主动两种。被动智能玻璃包括热感变色窗和光感变色窗。主动智能玻璃主要通过附加一个微小的电压差而引起窗户透射率的改变,称为电致变色。

智能玻璃的耐久性和成本是其推广障碍,如果在这两个方面得到解决,智能玻璃将成为智能建筑动态立面的首选,形成新一代的建筑环保幕墙技术。

(二) 动态日光反射系统

充分利用自然光线是降低建筑能耗的重要手段。建筑立面可以整合动态日光反射技术,充分利用光线的漫反射。智能建筑还可根据用户移动感应器与相应的室外光线照度水平自动调整室内照明控制模式,自动提高或者降低室内人工照度水平,节能能源消耗。

瑞士巴塞尔SUVA保险公司在建筑大楼的改造中,在距建筑原表面100mm位置附加了一层智能化的玻璃表皮。建筑的每层立面由自动控制的三层上悬窗组成,上层为棱镜玻璃面板,可根据太阳光的角度调整位置反射光线进入室内。位于视线高度的中间一层可以观景和自然通风。底层在原来的石墙上附加了一层印有保险公司标志的保温玻璃,夏天自动开启冷却石墙,冬季自动闭合利用二层表皮之间的空腔提高保温性能。

(三) 动态自然通风系统

在不同的气候区,当室外温度处于舒适范围时,实现良好的自然通风是保证室内舒适度的最佳手段。建筑自然通风以开窗控制为主,考虑窗户的位置、数量、尺寸、朝向及窗户细部设计。

智能建筑立面动态自然通风系统最为常见的为双层幕墙通风系统。德国法兰克福龙贝格（Kronberg）行政办公楼是一个 U 形平面的三层建筑，外立面由三层通高的双层幕墙盒子窗户（Box Windows）构成。自动控制可开启的钢化玻璃构成了双层幕墙的外表皮，减少热损失并保护中间的遮阳百叶。内表皮的每个办公分隔由双层玻璃与自动开启的通风口构成。中心计算机控制外表皮、中间遮阳与内表皮通风口的开启状态，在满足用户需求的同时达到节能目的。可开启的外表皮设计不仅满足技术需求，而且赋予建筑立面或平整闭合或有韵律开启的多度的外观形象。

（四）动态能源生产系统

太阳能是建筑主动或被动获取电和热的主要可再生清洁能源。智能建筑立面可将建筑遮阳与太阳能光电板进行整合，根据不同时间、地点的太阳位置及辐射强度，计算出即时的太阳高度角，调整太阳能光电板追踪太阳辐射轨迹，在有效遮阳的同时也能有效地生产能源。

澳大利亚林兹（Linz）SBL 办公楼项目中，在半圆形南向立面上设计了太阳能光电板追踪遮阳系统，每层安装 13 片，全楼共 52 片光电板，面积为 250m^2。为更有效利用太阳能，每片光电板根据计算的太阳角度单独调整角度，每年可发电 15900kW·h，占该建筑总用电量的 40%。

太阳能光热相当于光伏而言较易利用，在楼顶设置太阳能热水系统，也是一种有效的动态能源生产和节能系统。

四、智能建筑室内环境设计

智能建筑室内环境设计的最终目的是为了实现办公空间环境的舒适性，以便使每个占用办公空间的成员具有良好的生理和心理状态，能够快速、高质、有效地完成办公业务。随着办公自动化的飞速发展，人与机器的关系越来越"密切"。但长时间的电脑操作，使人容易出现身心疲劳、心理烦躁不安的症状。为此，智能建筑室内环境设计以人体工学为依据，提供合理的工作站和家具设计，提供舒适的室内温湿度、照明、音质、色彩环境，使人处于最佳健康工作状态，从而提高工作效率。

（一）工作站的平面布局形式

在智能建筑的室内设计中，最重要的就是工作站的平面布局设计。工作站非常适合于大空间智能化办公室的需求。工作站的平面设计包括了办公分区、交通组织、机具布置及周围环境设计的内容，良好的平面布局能够有效提高工作效率。工作站可分为个人工作站、共用工作站、少数人工作站、专职工作站等。工作站的布置形式也有许多种。

1. 面对式

将工作站面对面地排列在一起，他们之间的主要业务关系可以是两人为1组，也可以是4~6人为1组。这种方式便于相互之间语言、表情、动作上的联系，在办公业务的程序上可以做到相互传递和交流，但采光方向不尽合理。

2. 学校式

每个工作站的排列按照两人1排呈单向纵列布局，与教室布置相似。它们之间主要业务关系是两人1组，而几组之间又构成1个大组，大组内又可进行业务上的联系。其优点是易于监督管理，缺点是不便于各组之间的交流。

3. 交叉式

这是既有利于办公之间的交流，又有利于管理，是现代办公室广泛采用的形式。

4. 自由式

根据办公的需要，工作站呈不规则形式布置。其优点是室内气氛轻松、活泼、交流自由、视觉丰富，缺点是增加了设计难度和专业设备管线布置的复杂程度。

上述布局形式只是几种典型形式，在工程中的实际表现千差万别。但无论形式如何变化，工作站的布置必须遵循以下两个原则：一要相互紧凑，二要分隔合理。相互紧凑是为了节省办公面积，便于工作站环境设备（照明、空调、通信）的集中和配管布线；合理分隔是为了减少交叉、避免干扰。

（二）室内采光设计

良好、舒适的光线不仅仅是视觉上的需要，它还可消除疲劳、避免视力损伤，并能创造温馨的室内气氛，这正是智能建筑室内光环境的原则。

自然采光将是智能建筑室内采光的主要方式。但在自然采光时，必须同时注意对太阳光的控制。太阳光直射会引起极为不适的刺目与眩光，不符合办公室采光要求，也还会带来一定的辐射热，造成夏季制冷能耗的增加。因此，智能建筑的自然采光必须将采光与遮阳一并考虑。目前许多智能建筑都设有自动遮阳板，可根据太阳的高度、角度及光线强度实现自动调节，在争取最大限度地采光量的同时，也保证了采光质量。

另一种自然采光就是利用光纤导光。通过采光罩高效采集室外自然光线并导入系统内重新分配，再经过特殊制作的导光管传输后由底部的漫射装置把自然光照射出去。

智能建筑室内采光必须要做到充足、均匀、柔和。当自然采光不能满足照度要求时（如阴天、距离窗太远、受到遮挡等情况），就需要用人工照明方式来补充和调整。

在目前的自动化办公室内,通常采用的照明方式有三种:一般照明、局部照明和混合照明。采用一般照明和局部照明方式时,所用灯具最好将灯具嵌装在吊顶的夹层内,外面再用玻璃或其他透明材料作面罩,也可使用滤光罩,利用滤光罩内不同角度的格栅进行滤光,使光照更为柔和均匀。

为了既有局部良好的光照度,又不会因亮度比差大而引起不适,可将一般照明与局部照明方式共同使用,这就是混合照明。当这两种方式混合使用时,由于光反射率不一样,以及光照角度和视觉的关系,会产生一定的不适感。因此,此时最好将一般照明改成间接照明,即通过反射光来照明,使它的亮度变得柔和一些,不会直接刺眼,又可与局部照明的亮度相混合起来,从而达到混合照明的最佳效果。

从发展趋势来看,将会有越来越多的智能建筑采用智能照明技术,由各类探测点感知室内照明情况,并将信息传送给控制站(计算机)或DDC现场控制器,再由控制装置发出指令调整光源的位置、开关和强弱。

(三)室内声环境设计

室内声环境主要是研究室内环境中的音质效果和噪声控制两部分内容,但音质效果对于智能建筑室内声环境而言并非主要问题,其主要问题是噪声控制。

在智能化办公室内有各种噪声源,噪声的出现和传播不仅使人们心烦意乱,搅扰人们的思想情绪,降低工作效率,而且长期生活或工作在受噪声污染的环境之中还会导致人们生理和心理上出现病态症状。

无论是什么样的房间,当它们的噪声值长期超过所允许的最大值时,就要考虑采用噪声控制。通常采用控制噪声源、隔声、吸声和消声的方法。控制噪声源是指在办公室内应尽量采用低噪声的设备和办公机具,如低音量的电话蜂鸣器、微声键盘等。

隔声是采用一些密度大的隔声材料,将传来的噪声反射回去;吸声则是采用一些轻质多孔的吸声材料,利用它们的孔隙将穿过的声能转化为热能,从而吸收噪声。如隔断采用双层双面、中填矿棉毡的石膏板隔声,地面铺设地毯吸声,顶棚采用矿棉吸声板等。

消声是指在空调管道上安装消声器、消声箱,在金属或较硬物体的接触边缘加设橡胶、塑料或黏性软质的垫层等。

(四)室内色彩设计

智能建筑的室内色彩设计与一般建筑中的色彩设计有所不同,它偏重于室内环境色彩的视觉舒适性,而且还要与室内光照技术相配合,是光环境设计的一个分支。对于大量采用自动化设备的办公室来说,室内色彩设计相当重要。长期坐在计算机显示屏前的办公人员,由于眼前的作业区都是发光的反射体,当其视线移到别处,若看到的物体颜色过于强烈或过于阴暗,都会使眼睛受到刺激而导致疲劳,使人体在生理和心理上会因突然感到不适而产生不安定的情绪,影响工作效率。因此,在进行智能建筑的室内色彩设计时,大空间办公室的墙面、地面、吊顶以及门窗等部位的色彩应平衡,颜色的对比度不能太大,色泽不能太鲜艳。

办公区域的色彩,应与机具颜色、照明光色,以及家具、吸声挡板、围板等的色彩相协调,以柔和的基调为主,色相宜暖,并要有和谐的过渡色,以使视线转移时不致让人感觉过于突然。对于职员休息区域的色彩可采用转换气氛的色彩,色调宜比较轻快,易于消除疲劳,令人愉悦。

五、智能小区的环境特点

智能化住宅的环境在这里主要指居住环境,主要包括声环境、热环境、光环境、空气品质及其他环境。

(一)声环境

声环境是居住环境中的重要组成部分。所谓声环境是指住宅内外各种噪声源,在住宅内形成的对居住者在生理上、心理上产生影响的声音环境。与住宅热环境、光环境相比,声环境的影响可能是更为长期的,也是居住者本身不易改变的。噪声干扰使人们休息、工作与睡眠都受到影响。《中华人民共和国城市区域噪声标准》中明确规定了住宅区域的环境噪声的最高限值:白天 50 dB、夜间 40 dB,若超过这个标准,便会对人体造成危害。在住宅室内外干扰居民的噪声中,室外噪声主要是交通噪声,室内噪声主要是楼板的撞击声。因此,解决上述两类噪声将是智能化住宅声环境的关键所在。

小区内噪声控制方法有下列三点:

①当住宅沿城市干道布置时,应首先选择建筑群的布局形式,然后在住宅平面布局中作防噪声设计。起居室、卧室不应设在临街的一侧,当设计确有困难时,每户至少应有 1 或 2 间卧室背向吵闹的干道。

②小区内各种服务设施,无论是单独建造的或配置在住宅首层的,都应根据噪声状况作隔声处理。

③住宅楼群中的小学体操场、幼儿园的游戏场的位置应远离住宅。小区内的菜市场副食品商场和百货商场,应与住宅保持足够的距离,或通过住宅楼的平面布局加以隔离。

(二) 热环境

室内热环境是由室内空气的温度、湿度、气流速度以及壁面的辐射温度等综合而成的一种室内气候。各种室内气候因素的不同组合，形成了不同的室内热环境。理想的室内热环境，应该是在热湿效果方面适合人们工作和生活需要。

人体与其周围环境之间保持热平衡，对人的健康与舒适来说是至关重要的条件。这种热平衡在于保持人体内组织的温度。热平衡取决于许多因素的综合作用，其中一些是属于个人的性质，如活动量、适应性和衣着条件等；另一些是属于环境因素，如气温、辐射、湿度及气流等。人体是以对流、辐射、呼吸、蒸发和排汗等方式与周围环境进行热交换来达到热平衡的。人体的生理机能还具有调节产热和散热的能力。在不同的冷和热的环境中，人体有着不同生理反应和主观感觉。

在舒适的热环境中，人无冷或热的感觉，仅有凉爽和舒适的感觉；人的生理反应最小，血管稍有收缩和张弛，汗液分泌恰当；人的精神饱满、愉快、反应灵敏、工作效率最高，人处于热舒适状态。

(三) 光环境

光环境的内涵很广，包含了日照、采光和人工照明三个方面。改善住宅的光环境可以增进人体和视觉的健康，形成心理上的舒适感，同时，还能为在住宅内安全有效地进行各种不同的作业和活动提供良好的环境气氛。

人们对光环境的需求与其从事的活动有密切的关系。在进行生产、工作和学习的场所，优良的照明能振奋人的精神，提高工作效率和产品质量，保障人身安全与视力健康，因此，充分发挥人的视觉效能是营造这类光环境的主要目标。而在休息、娱乐和公共活动的场合，光环境的首要作用则是创造舒适优雅、生动活泼或庄重严肃的特定环境气氛。光对人的精神状态、心理感受产生极大的影响。

对于室内照明来说，住宅应充分利用天然光资源，为居住者提供一个满足生理、心理、卫生要求的居住环境，天然光资源主要通过窗户获取。

(四) 空气品质

室内空气品质主要指人所感受到的空气的新鲜程度和洁净程度。当前，保证建筑内部空气良好，主要依靠通风实现。因当前大气污染和雾霾比较严重，室内空气净化技术正逐步发展起来。

室内空气品质的评价是认识室内环境的一种科学方法，是随着人们对室内环境重要性认识的不断加深所提出的新概念。它反映在某个具体的环境内环境要素对人群的工作、生活的适宜程度，而不是简单的卫生指标合格与不合格的判断。

空气的洁净程度是指空气中的粉尘和有害物的浓度。我国尚未统一粉尘洁净等级的划分标准和要求，对智能化建筑的舒适性空调系统，可采用下列标准进行判断：空调房间的绝大多数人对室内空气表示满意，并且空气中没有已知的污染物达到了可能对人体健康产生严重威胁的程度（来源于 ASHRAE：可接受的室内空气品质标准）。

（五）其他环境

优良的智能化建筑环境还包括了建筑室内和小区内给排水、供电品质及电磁辐射环境等的品质管理。从目前的研究成果看，水环境品质的好坏主要体现在给水水质、水压、水量及排水顺畅、噪声、气味污染程度及雨、废、污水的高效回收及利用等方面；用电环境品质的优劣则主要体现在供电可靠性、频率、电压偏移、电压波动、电压波形及不平衡度和用电可靠性、安全性等方面。电磁环境的品质开始受到重视，是因为物业环境中各种电气产品日益繁杂，尤其是智能化建筑，对人的影响渐多，产品间有可能还存在着电磁兼容性（EMC，包括电磁干扰 EMI 与电磁抗 EMS）问题。当前，这部分的品质管理工作主要是通过对产品进行 EMC 认证进行，要保证使用能够通过 EMC 认证的产品，避免电磁危害。

总之，智能小区综合运用了计算机技术、通信技术、控制技术、环保节能技术和新型建筑材料，是由环保节能设备、家庭智能控制系统、通信接入网、小区物业管理服务系统和小区综合信息服务系统来支持实现的。智能小区本体智能化的本质就是以人为本，在住宅的建设中就紧密地与环境和人的生活融为一体，营造出和谐的居住环境和人文环境。

第二节 智能建筑的综合布线系统

一、综合布线系统的传输介质

传输介质是综合布线系统的最重要的组成构件，是连接各个子系统的中间介质，是信号传输的媒体，它决定了网络的传输速率、网络传输的最大距离，以及传输的安全性、可靠性、可容性和连接器件的选择等。综合布线的传输介质主要是电缆和光缆。光缆主要用于智能建筑群之间和主干线子系统的布线，其优点是容量大、传输距离大、安全性好、传输信息质量高。双绞线主要用于建筑物的水平子系统的布线。目前，在综合布线工程中，由于考虑传输介质的质量、价格和施工难易程度等,最常用的是超五类或者六类非屏蔽双绞线作为其传输介质。

(一)双绞线

双绞线(Twisted Pair Cable,TPC)是综合布线工程中最常用的一种传输介质。双绞线由两根具有绝缘保护层的铜导线(典型直径为1mm)组成,并按一定密度相互缠绕,每根导线在传输中辐射的电波会被另一根线上发出的电波抵消,降低了信号干扰的程度。把一对或多对双绞线放在一个绝缘套管中便成了双绞线电缆。在双绞线电缆内,不同线对具有不同的扭绞长度。与同轴电缆、光缆相比,双绞线在传输距离、信道宽度和数据传输速度等方面均有所不如,但价格较为低廉,主要用于短距离的信息传输。

1. 双绞线的类型

目前,按是否有屏蔽层,双绞线分为非屏蔽双绞线(Unshielded Twisted Pair,UTP)和屏蔽双绞线(Shielded Twisted Pair,STP)。非屏蔽双绞线由绞在一起的线对构成,外面有护套,但在电缆的线对外没有金属屏蔽层。它由八根不同颜色的线分成四对(白棕/棕、白绿/绿、白橙/橙、白蓝/蓝)。每两条按一定规则绞合在一起,成为一个芯线对。它是综合布线系统中常用的传输介质。

屏蔽双绞线与非屏蔽双绞线相比,在双绞铜线的外面加了一层金属层,这层金属层起屏蔽电磁信号的作用。按金属层数量和金属屏蔽层绕缠的方式,可细分为铝箔屏蔽双绞线(FTP),铝箔/金属网双层屏蔽双绞线(SFTP)和独立双层屏蔽双绞线(STP),其屏蔽和抗干扰能力依次递增。

2. 双绞线的应用

EIA/TIA(电气工业协会/电信工业协会)按双绞线的电气特性定义了七种不同质量的型号,现主要使用六类线和超五类线。六类和超五类UTP是当前最常用的以太网电缆,超五类双绞线是对五类双绞线的改进,传送信号时衰减更小,抗干扰能力更强。五类UTP用于支持带宽要求达到100MHz的应用,而超五类可达155MHz,能够满足目前大部分室内工作要求。而六类线可支持250MHz,七类线可支持600MHz的带宽,能够满足未来对快速通信的需求。

双绞线采用铜质线芯,传导性能良好。目前,常用的六类和超五类双绞线传输模拟信号时,5~6km需要一个放大器;传输数字信号,2~3km需要一个中继器,双绞线的带宽可达268 kHz。一段六类和超五类双绞线的最大使用长度为100m,只能连接一台计算机,双绞线的每端需要一个RJ-45的8芯插座(俗称水晶头),各段双绞线可以通过集线器(HUB)互联,利用双绞线最多可以连接64个站到集线器。

六类双绞线是2002年6月美国通信工业协会（TIA）TR-42委员会正式通过了六类布线标准后开始迅速发展的，六类双绞线的标准在许多方面做了完善，最大传输带宽可达250MHz。实践证明，采用高带宽的六类布线系统，可以获取更高的传输性能指标。因此，就总体经济效益而言，六类布线仅比超五类略贵一点，已获得广泛应用。

随着技术的进步，250MHz的带宽将不能满足人们的需要，高质量、高宽带的七类双绞线将会给人们的工作和生活带来极大的方便。七类双绞线是一种屏蔽双绞线，可提供600MHz的整体带宽，传输速率可达10Gbps。每一线对都有一个屏蔽层，四对线合在一起，还有一个公共屏蔽层，所以线径相对较粗。

（二）光缆

光缆是一组光导纤维（光纤）的统称。它不仅是目前可用的媒体，而且是未来长期使用的媒体，其主要原因在于光纤具有很大的带宽，传输速度与光速相同。光纤与电导体构成的传输媒体最基本的差别表现为它传输的信息是光束，而不是电气信号。因此，光纤传输的信号不受电磁的干扰，保密性能优异。

1. 光纤的结构与类型

光纤由单根玻璃光纤、紧靠纤芯的包层及塑料保护涂层组成，为使用光纤传输信号，光纤两端必须配有光发射机和接收机，光发射机执行从光信号到电信号的转换。实现电光转换的通常是发光二极管（LED）或注入式激光二极管（ILD）；实现光电转换的是光电二极管或光电三极管。

根据光在光纤中的传播方式，光纤有两种类型：多模光纤和单模光纤。多模光纤又根据包层对的折射情况分为突变型折射和渐变型折射。以突变型折射光纤作为传输媒介时，发光管以小于临界角发射的所有光都在光缆包层界面进行反射，并通过多次内部反射沿纤芯传播。这种类型的光纤传输距离要低于单模光纤。多模突变型折射光纤的散射通过使用具有可变折射率的纤芯材料来减小，折射率随离开纤芯的距离增加导致光沿纤芯的传播类似正弦波。将纤芯直径减小到 $3\sim10\mu m$ 后，所有发射的光都沿直线传播，称为单模光纤。它通常使用ILD作为发光元件。

从上述三种光纤接收的信号看，单模光纤接收的信号与输入的信号较为接近，多模渐变型次之，多模突变型接收的信号散射最严重，因而它所获得的速率最低。在网络工程中，一般选用规格为 $50/125\mu m$（芯径/包层直径，美国标准）的多模光纤，只有在户外布线大于2km时才考虑选用单模光纤。常用单模光纤有（8，9，10）/125μm 三种。因为单模光纤传输距离长，一般采用无源连接，维护工作量极小，目前也推荐在智能大楼和小区内敷设单模光纤。

2. 光缆的种类

光缆由一组光纤组成，光纤工程实际使用的是光缆，通常采用双芯光缆和多芯光缆。双芯光缆就是光缆护套中有两根光纤的光缆，通常用于光纤局域网的主干网线，因为所有的局域网连接都同时需要一根发送光纤和一根接收光纤。多芯光缆包含三根到几百根光纤不等。一般情况下，多芯光缆中的光纤数目为偶数，因为所有的局域网连接都同时需要一根发送光纤和一根接收光纤。

按光缆在布线工程中的应用分类，有以下三种。

（1）光纤跳线

光纤跳线是两端带有光纤连接器的光纤软线，适用于网卡与信息插座的连接以及传输设备间的连接，可以应用于管理间子系统、设备间子系统和工作区子系统。

（2）室内光缆

室内光缆的抗拉强度较小，保护层较差，但也更轻便、更经济。室内光缆主要适用于水平干线子系统和垂直干线子系统。

（3）室外光缆

室外光缆的抗拉强度较大，保护层较厚重，并且通常为铠装（即金属皮包裹）。室外光缆主要适用于建筑群子系统，常用敷设方式有直埋式和管道式两种。直埋式光缆最常见，它直接埋设在开挖的电信沟内，埋设完毕即填土掩埋，埋深一般为 0.8～1.2m。而管道式光缆多应用于拥有电信管道的建筑群子系统布线工程中，其强度一般并不太大，但应有非常好的防水性能。

对于将来开放型智能建筑，用户设备要与外部网络光纤设备直接沟通时，还需加装多/单模转换设备，完成楼内外不同类型光纤间的连接，造成重复施工和增加扩建资金，采用吹光纤技术是解决这一矛盾的可行方法。当前只敷设光纤护套空管，光纤在将来实际应用时，再直接吸入护套内。这已是成熟的技术，其优点是既可减少无用光纤点的敷设，也可减少综合布线初期投入。目前敷设护套空管的价格大致与一个铜缆点的价格相当。另外，吸入光纤的根数和性质（单模/多模）均可根据需要而定，因此具有更强的灵活性。这种设计适用于某些开放式办公环境综合布线的工程中。

3. 光纤传感器

与传统的传感器相比光，纤传感器具有很多不可比拟的优势，尤其是在电力系统应用上。比如，光纤传感器的高灵敏度、绝缘性高、不受电磁辐射干扰、体积小等。

智能建筑的概念中包括网络建设，在现代智能建筑中，光纤传输已经到户，因此，在智能建筑配电安全监测中也易于和智能建筑通信网络组成综合通信系统。该系统能实时地监测配电安全，当故障发生时能通知到每一户，并发生报警。光纤传感器易于组成光纤传感网络，所以，在智能建筑通信网络的组建中有不可比拟的优势。

（三）无线介质简介

网络除了有线形式外，还有无线网络，通过无线介质传输信号。无线网络既包括允许用户建立远距离无线连接的全球语音和数据网络（WLAN），也包括为近距离无线连接进行优化的红外线技术及射频技术，与有线网络的用途十分类似，其最大的不同在于传输媒介的不同，利用无线电技术取代网线，可以和有线网络互为备份。无线网络的发展方向之一就是"万有无线网络技术"，也就是将各种不同的无线网络统一在单一的设备下。Intel正在开发的一个芯片采用软件无线电技术，可以在同一个芯片上处理Wi-Fi、WiMAX和DVB-H数位电视等不同无线技术。

二、与传输介质连接的部件

在综合布线时要用到各种不同的连接部件，其中的一些部件用于传输介质的端接，这些部件被称为连接部件，它们在综合布线中占有非常重要的地位。连接部件的概念比较广泛，包括所有的电缆和光缆端接部件，它是用于端接通信介质和把通信介质与通信设备或者其他介质连接起来的机械设备。其中，包括各种信息插座、同轴电缆连接器光纤连接器、配线架、配线盘和适配器等。

连接部件按照其功能不同，分为端接设备、交连设备、传输电子设备和电气保护设备等。

（一）传输介质的端接设备

在综合布线中，端接设备指的是传输介质接合所需的设备，包括连接终端设备的信息插座和各种适配器。

1. 常用于双绞线的端接设备——信息插座

信息插座在综合布线系统中用作终端点，也就是终端设备连接或断开的端点。它使用在水平区布线和工作区布线之间可进行管理的边界或接口。在工作区一端将带有8针插头的软线插入插座；在水平子系统一端，将4对双绞线接到插座上。

与双绞线相连的信息插座主要包括以下几种：五类非屏蔽双绞线信息插座；五类信息插座；超五类信息插座模块；千兆位信息插座模块。

还有一种转换插座。用于在综合布线系统中实现不同类型的水平干线与工作区跳线的连接。目前，常见的转换插座是 FA3-10 型转换插座，这种插座可以实现 RJ-45 与 RJ-11（即 4 对非屏蔽双绞线与电话线）之间的连接，并可以充分应用已有资源，将 1 个 8 芯信息口转换出 4 个双芯电话线插座。

2. 常用于光纤的端接设备——连接器

光纤连接器是光纤通信系统必需的无源器件，实现了光通道的可拆式连接。大多数的光纤连接器由三部分组成：2 个配合插头和 1 个耦合器。2 个插头装进 2 根光纤尾端，耦合器起对准套管的作用。常见的光纤连接器有 SC 连接器、FC 连接器和 LC 连接器。LC 连接器所采用的插针和套筒的尺寸是普通 SC、PC 等所用尺寸的一半，仅为 1.25mm，能够提高光缆配线架中光纤连接器的密度，主要用作单模超小型连接器。

（二）传输介质的配线接续设备

综合布线系统中的配线接续设备主要用来端接和连接缆线。通过配线接续设备可以重新安排布线系统中的路由，使通信线路能够延续到建筑物内部的各个地点，从而实现通信线路的管理。配线接续设备分为电缆配线接续设备和光缆配线接续设备。

1. 电缆配线接续设备

按接续设备在综合布线系统中的使用功能划分，电缆配线接续设备分为：

（1）配线设备

配线设备即配线架（箱、柜）等。电缆配线架主要用于端接大型多线对干线电缆盒和一般的四线对水平电缆的导线。它的类型主要是 110 系列，AT&T 公司设计用于在干线接线间、二级接线间和设备间中端接或连接线缆。端接的类型分 110A 和 110P 两种。110A 为夹接式管理型（3 类产品，支持 10MB/s 传输速率），用于线路较稳定、很少变动的线路中；110P 为插接式管理型（5 类产品，支持 100MB/s 传输速率），多用于将来有重组线路的可能的线路中。这两种连接硬件的功能完全相同。

配线架在小型网络中是不需要的。如果在一间办公室内部建立一个网络，可以根据每台计算机与交换机或集线器的距离选取 1 根双绞线，然后在每根双绞线的两端接 RJ-45 水晶头做成跳线，用跳线直接把计算机和交换机或集线器连接起来。如果计算机要在房间中移动位置，只需要更换 1 根双绞线。而在综合布线系统中，网络一般要覆盖一座或几座楼宇。在布线过程中，一层楼上的所有终端都需要线缆连接到管理间中的分交换机上。这些线缆数量很多，如果都直接接入交换机，则很难辨别交换机接口与各中端间的关系，很难在管理间对各终端进行管理，而且在这些线缆中有一些暂时不使用，这些不使用的线缆接入了交换机或集线器的端口，也会浪费很多的网络资源。

在综合布线系统中，水平干线由信息插座直接连入管理间的配线架，在干线与配线架连接的位置，将为每一组连入配线架的线缆在相应的标签上做标记。在配线架的另一侧，每一组连入的线缆都将适应一个接口，如果与配线架相连房间的信息插座上连接了计算机或其他终端，就使用跳线将相应配线架另一侧的接口接入交换机就可以了。当计算机中端由一个房间移到另一个房间时，管理人员只需将网络跳线从配线架原来的接口取下，插到新房间对应的接口上即可。

(2) 交接设备

交接设备如配线盘（设在交接间的交接设备）和室外设置的交接箱等。配线盘是用来端接四线对水平电缆的设备，在配线盘的背面有一个端接模块，正面有一个八线位组合式连接12端口，常见的配线盘通常为12，24，48和96端口配置。

(3) 分线设备

分线设备指电缆分线盒。电缆分线盘主要是应用于电缆网络中干线与用户支线的分线设备。

2. 光缆配线接续设备

光缆配线接续设备是光缆线路进行光纤终端连接或分支配线的重要部件，具有保护和存储光纤的作用。因配线接续设备的类型和品种较多，其功能和用途有所不同。此外，还有安装方式、外形结构和安装插合的差别，其分类方式有很多种，一般的光纤光缆配线接续设备主要有光纤配线架、光纤配线柜、光纤配线箱和光纤终端盘等。此外，还有光缆交接箱等设备，它们的用途有所不同。

光纤配线架是室内通信设施和外来的光缆线路互相连接的大型配线接续设备，通常作为机械和线路划分的分界点，通常安装在智能建筑中设备间或重要的交接间内。光纤配线箱功能与光纤配线架完全相同，但容纳的光纤芯数较少，一般用于分支段落或次要的场合。光纤终端盘与光纤配线架和配线箱同属终端连接设备，但其容纳光纤数量更少，且用于与设备光纤之间的连接，其内部结构、外形尺寸和安装方式都与光纤配线架不同。

光缆交接箱是一种室外使用的配线接续设备，主要用于光缆接入网中主干光纤光缆和分支（又称配线）光纤光缆的相互连接，以便于调度和连接光纤。从内部结构的连接方式来分，有跳线连接和直接连接两种系列产品。

(三) 其他连接设备

1. 传输电子设备

传输电子设备主要包括工作站接口设备和光纤多路复用器。

（1）工作站接口设备

它可以改善或变换来自数字设备的数字信号，使其能沿着综合布线系统中的双绞线传输，通过光纤发送和接收信号。

工作站接口设备主要包括介质适配器和数据单元。介质适配器可将数据设备的数据传输到综合布线系统中的传输介质——双绞线。介质适配器综合考虑了平衡、轴向滤波和阻抗数据单元用来调整数据，可扩展数据设备的传输距离，并保证信号可以在综合布线系统中的双绞线上与其他信号进行无干扰传输，其电源可取自数据终端设备或使用外部电源。

（2）光纤多路复用路

综合布线系统中的光纤多路复用器实现了通过光纤传输数据，又称为光电转换设备。光纤不受电磁波的干扰，线路的可靠性和数字信号的传输距离都得到大大增加。光纤多路复用器通常成对使用，一个光纤多路复用器将多路电信号转换组合成光波脉冲，通过两根光纤的一根传输到另一个光纤多路复用器，第二个光纤多路复用器接收光信号，并将其分离转换为多路电信号，然后将它们传送到相应的终端。

2. 电气保护设备

电气保护的目的主要是减小电气事故对布线系统中用户的危害，减少对布线系统自身、连接设备和网络体系等的电气损害。

为了避免电气损害，综合布线系统的部件中专门配有各种型号的多线对保护架。这些保护架使用可更换的插入式保护单元，避免建筑物中的布线受到雷电危害，且每个保护单元内装有气体放电管保护群或固态保护器。

三、综合布线系统的设计

（一）综合布线系统的总体设计

智能建筑的综合布线系统设计是一项复杂的工作，首先进行的总体设计包括对系统进行需求分析、系统的整体规划设计、各子系统的规划设计及其他部分的设计。总体设计最好与建筑方案设计同步进行。

1. 对系统进行需求分析

现代智能建筑多是集商业、金融、娱乐、办公及酒店于一身的综合性的多功能大厦。建筑内各部门、各单位由于业务不同，工作性质不同，对布线系统的要求也各不相同，有的对数据处理点的数量多一些，有的却对通信系统有特别的要求。在进行布线系统的总体设计时，作为布线系统总体设计的第一步，必须对建筑种类、建筑结构、用户需求进行确定，结合信息需求的程度和今后信息业务发展状况，包括现在和若干年以后的发展要求都尽可能作详细深入的了解，在掌握了需求的第一手资料的基础上对需求作深入分析。

2. 系统规划

综合布线系统的系统规划，必须在仔细研究建筑设计和现场勘察布线环境后做出，其主要工作包括：

①规划公用信息网的进网位置、电缆竖井位置。

②楼层配线架的位置。

③数据中心机房的位置。

④PBX 机房的位置。

⑤与智能建筑各子系统的连接。

3. 系统信息点的规划

布线系统信息点在规划时可考虑以下种类。

(1) 计算机信息点（数据信息点）

在规划计算机信息点时，必须根据各种不同情况分别处理：对于写字楼办公室，国内一般估算每个工作站点占地面积为 $8\sim10m^2$，据此推算出每间写字楼办公室应用多少个计算机信息点。普通办公室按拥有一个计算机信息点设计，银行计算机信息点的密度要大一些，商场根据 POS 系统收款点布局来决定计算机信息点。

(2) 电话信息点

内部电话信息点的分配密度较直拨电话信息点大，内线电话作为直拨电话的一种补充，要求有一定富余量。

(3) 与 BAS 的接口

在考虑系统信息点的数量与分布时，建筑设备自动化系统中的接口也必须考虑在其中。目前，这些接口主要有楼宇设备监控系统的接口、消防报警系统的接口和闭路电视监控系统的接口。

(4) 信息点分布表

将上述工作的成果列表显示，全面反映建筑内信息点的数量和位置。

4. 各子系统的设计

综合布线系统子系统的设计指：工作区子系统的设计、水平子系统的设计、垂直干线子系统的设计、管理子系统的设计、设备间子系统的设计、建筑群子系统的规划设计明确各系统的功能和要求。

5. 附属或配套部分的设计

综合布线系统的附属或配套部分设计主要指以下三个方面。

(1) 电源设计

交直流电源的设备选用和安装方法（包括计算机、电话交换机等系统的电源)。

(2) 保护设计

综合布线系统在可能遭受各种外界电磁干扰源的影响（如各种电气装置、无线电干扰、高压电线及强噪声环境等）时，采取的防护和接地等技术措施的设计。

综合布线系统要求采用全屏蔽技术时，应选用屏蔽缆线和屏蔽配线设备。在工程设计中，该系统应有详尽的屏蔽要求和具体做法（如屏蔽层的连续性和符合接地标准要求的接地体等）。

(3) 土建工艺要求

对于综合布线系统中的设备间和交换间，设计中要对其位置、数量、面积、门窗和内部装修等建筑工艺提出要求。此外，上述房间的电气照明、空调、防火和接地等在设计中都应有明确的要求。

(二) 综合布线系统的技术设计

技术设计是在总体设计基础进一步进行的确定技术细节的详细设计。线路的走向主要分为两种，即水平方向和垂直方向。水平方向的走线比较容易，布置的空间也较大，而垂直方向走线布置于各个层间的设备小间内，智能建筑内部的设备小间主要布置网络设备和跳线架，因此需要在设计时注意在层面上留出弱电井或通信间，为垂直方向走线做准备。

(三) 建筑群子系统的设计要求

主干传输线路方式的设计极为重要，在建筑群子系统应按以下基本要求进行设计。

①建筑群子系统设计应注意所在地区（包括校园、街坊或居住小区）的整体布局传输线路的系统分布，应根据所在地区的环境规划要求，有计划地实现传输线路的隐蔽化和地下化。

②设计时的要求应根据建筑群体的信息需求的数量、时间和具体地点，结合小区近远期规划设计方案，采取相应的技术措施和实施方案，慎重确定线缆容量和敷设路由，要使传输线路建成后，保持相对稳定，且能满足今后一定时期内的扩展需要。

③建筑群子系统是建筑群体的综合布线系统的骨架，它必须根据小区的总平面布置（包括道路和绿化等布局）和用户信息点的分布等情况来设计。其内容包括该地区的传输线路的分布和引入各幢建筑的线路两部分。在设计时除上述要求外，还要注意以下要点：a. 线路路由应尽量短捷、平直，经过用户信息点密集的楼群。b. 线路路由和位置应选择在较永久的道路上敷设，并应符合有关标准规定和其他地上或地下各种管线以及建筑物间的最小净距的要求。

除因地形或敷设条件的限制，必须与其他管线合沟或合杆外，通信传输线路与电力线路应分开敷设或安装，并保持一定的间距。c. 建筑群子系统的主干传输线路分支到各幢建筑的引入段，应以地下引入为主。如果采用架空方式（如墙面电缆引入），应尽量采取隐蔽引入，选择在建筑背面等不显眼的地方。

（四）设备间子系统的设计要求

设备间子系统的设计应符合下列要求：

①设备间应处于建筑物的中心位置，便于垂直干线线缆的上下布置。当引入大楼的中继线线缆采用光缆时，设备间通常设置在建筑物大楼总高的（离地）1/4～1/3楼层处。当系统采用建筑楼群布线时，设备间应处于建筑楼群的中心，并位于主建筑的底层或二层。

②设备间应有空调系统，室温应控制在 18～27℃，相对湿度应控制在 60%～80%，能防止有害气体（如 SO_2、H_2S、NH_3、NO_2）等侵入。

③设备间应安装符合国家法规要求的消防系统，应采用防火防盗门以及采用至少耐火 1h 的防火墙；房内所有通信设备都有足够的安装操作空间；设备间的内部装修、空调设备系统和电气照明等安装应满足工艺要求，并在装机前施工完毕。

④设备间内所有进线终端设备宜采用色标以区别各类用途的配线区。

⑤设备间应采用防静电的活动地板，并架空 0.25～0.3m 高度，便于通信设备大量线缆的安放走线。活动地板平均荷载不应小于 500 kg/m^2。室内净高不应小于 2.55m，大门的净高度不应小于 2.1m（当用活动地板时，大门的高度不应小于 2.5m），大门净宽不应小于 0.9m。凡要安装综合布线硬件的部位，墙壁和天花板处应涂阻燃油漆。

⑥设备间的水平面照度应大于 150lx，最好大于 300lx。照明分路控制要灵活、方便。

⑦设备间的位置应避免电磁源的干扰，并设置接地装置。

⑧设备间内安放计算机通信设备时，使用电源按照计算机设备电源要求进行。

（五）管理子系统设计及其要求

1. 管理子系统的功能

管理子系统设置在每层配线设备的房间内，它由交接间的配线设备，输入/输出设备等组成。管理子系统可应用于设备间子系统。

从功能上来讲，管理子系统提供了与其他子系统连接的手段。交接使得有可能安排或重新安排路由，因而通信线路能够延续到连接建筑物内部的各个信息插座，从而实现综合布线系统的管理。每座大楼至少应有一个管理子系统或设备间。管理子系统具有以下三大功能。

①水平/主干连接：管理区内有部分主干布线和部分水平布线的机械终端，为无源（如交叉连接）或有源或用于两个系统连接的设备提供设施（空间、电力、接地等）。

②主干布线系统的相互连接：管理区内有主干布线系统不同部分的中间跳接箱和主跳接箱，为无源或有源或两个系统的互连或主干布线的更多部分提供设施（空间、电力、接地等）。

③入楼设备：管理区设有分界点和大楼间的入楼设备，为用于分界点相互连接的有源或无源设备、楼间入楼设备或通信布线系统提供设施。

2. 管理子系统的交连形式

管理子系统常见的交连形式有以下三种：

①单点管理单交连这种方式使用的场合较少。

②单点管理双交连管理子系统宜采用单点管理双交连。单点管理位于设备间里面的交换设备或互联设备附近，通过线路不进行跳线管理，直接连至用户工作区或配线间里面的第二个接线交接区。如果没有配线间，第二个交连可放在用户间的墙壁上。

③双点管理双交连当低矮而又宽阔的建筑物管理规模较大、复杂（如机场、大型商场）多采用二级交接间，设置双点管理双交连。双点管理除了在设备间里有一个管理点之外，在配线间仍为一级管理交接（跳线）。在二级交接间或用户房间的墙壁上还有第二个可管理的交接。双交接要经过二级交接设备。第二个交连可能是一个连接块，它对一个接线块或多个终端块（其配线场与站场各自独立）的配线和站场进行组合。

3. 管理子系统的设计要求

在进行管理子系统设计时，应遵守下列原则：

①管理子系统在通常情况下宜采用单点管理双交连。交接场的结构取决于工作区、综合布线系统规模和所选用的硬件。在管理规模大、复杂、有二级交接间时，才设置双点管理双交接。在管理点，宜根据应用环境用标记插入条来标出各个端接场。

②交接区应有良好的标记系统，如建筑物名称、建筑物位置、区号、起始点和功能等。

③交接间及二级交接间的配线设备宜采用色标区别各类用途的配线区。

④当对楼层上的线路较少进行修改、移位或重新组合时，交接设备连接方式宜使用夹接线方式；当需要经常重组线路时，交接设备连接方式宜使用插接方式；在交接场之间应留出空间，以便容纳未来扩充的交接硬件。

第二章 智能建筑系统设计

（六）垂直干线子系统的设计要求

垂直干线子系统的设计应符合下列要求：

①所需要的电缆总对数和光纤芯数，其容量可按国家有关规范的要求确定。对数据应用应采用光缆或超五类以上的双绞线，双绞线的长度不超过90m。

②应选择干线电缆最短、最安全的路由，宜使用带门的封闭型综合布线专用的通道敷设干线电缆。可与弱电竖井合用，但不能布放在电梯、供水、供气、供暖和强电等竖井中。

③干线电缆宜采用点对点端接或分支递减端接。

④如果需要把语音信号和数据信号引入不同的设备间，在设计时可选取不同的干线电缆或干线电缆的不同部分来分别满足不同路由的语音和数据的需要。

（七）水平子系统的设计要求

水平子系统由工作区的信息插座、楼层配线架（FD）、FD的配线线缆和跳线等组成，其设计应遵照下列要求。

首先，根据智能化建筑近期或远期需要的通信业务种类和大致用量等情况选用传输线路和终端设备。其次，根据传输业务的具体要求确定每个楼层的通信引出端（即信息插座）的数量和具体位置。同时对终端设备将来有可能发生增加、移动、拆除和调整等变化情况有所估计，在设计中对这些可能变化的因素应尽量在技术方案中予以考虑，力求做到灵活性大、适应变化能力强，以满足今后通信业务的需要。可以选择一次性建成或分期建成。

水平布线的安装形式可根据建筑物的具体情况选择在地板下或地平面中安装，也可以选择在楼层吊顶内安装。

（八）工作区子系统的设计要求

工作区子系统的设计应符合下列要求：

①一个独立的需要设置终端设备的区域宜划分为一个工作区。工作区应由水平布线系统的信息插座延伸到工作站终端设备处的连接电缆及适配器组成。一个工作区的服务面积可按 $8\sim10m^2$ 估算，或按不同的应用场合调整面积的大小。

②每个工作区信息插座的数量和具体位置按系统的配置标准确定。

③选择合适的适配器，使系统的输出与用户的终端设备兼容。

（九）系统的屏蔽要求

完整的屏蔽措施可以有效地改善综合布线系统的电磁兼容性，大大提高系统的抗干扰能力。采取屏蔽措施时，对于布线部件和配线设备的具体要求如下：

①在整个信道上屏蔽措施应连续有效，不应有中断或屏蔽措施不良现象。

②系统中所有电缆和连接硬件，都必须具有良好的屏蔽性能，无明显的电磁泄漏，各种屏蔽布线部件的转移阻抗应符合有关标准要求。

③工作区电缆和设备电缆以及有关设备的附件都应具有屏蔽性能，并满足屏蔽连续不间断的需要。

④系统中所有电缆和连接硬件，都必须按有关施工标准正确无误地敷设和安装；在具体操作过程中应特别注意连接硬件的屏蔽和电缆屏蔽的终端连接，不能有中断或接触不良现象。

（十）系统的接地要求

综合布线系统采用屏蔽措施后，必须装配良好的接地系统，否则将会大大降低屏蔽效果，甚至会适得其反。接地的具体要求如下：

①系统的接地设计应按《建筑电子信息系统防雷技术规范》（GB 50343－2012）进行。接地的工艺要求和具体操作应按有关施工规范办理。

②系统的所有电缆屏蔽层应连续不断，汇接到楼层配线架或建筑物配线架后，再汇接到总接地系统。

③汇接的接地设计应符合以下要求：a. 接地线路的路由应是永久性敷设路径并保持连续。当某个设备或机架需要采取单独设置或汇接时，应直接汇接到总接地系统，并应防止中断。b. 系统的所有电缆屏蔽层应互相连通，为各个部分提供连续不断的接地途径。c. 接地电阻值应符合有关标准或规范的要求，例如，采用联合接地体时，接地电阻不应大于 10Ω。

④综合布线系统的接地宜与智能化建筑其他系统的接地汇接在一起，形成联合接地或单点接地，以免产生两个及两个以上的接地体之间有电位差影响。若有两个系统的接地体时，要求它们之间应有较低的阻抗，同时，它们之间的接地电位差有效值应小于 1V。如果不能保证接地电位差有效值小于 1V 时，应采取技术措施解决，如采用光缆等方法。

四、综合布线系统与其他系统的连接

综合布线系统是以建筑环境控制和管理为主的布线系统，是一个模块化的、灵活性极高的建筑布线网络。它可以连接语音、数据、图像以及各种楼宇控制和管理设备。

（一）GCS 建筑设备自动化系统

建筑设备自动化系统（BAS）是智能建筑中重要组成部分，通常是一个集中管理和分散控制相结合的计算机控制系统，简称集散型控制系统。

集散控制系统（DCS）是20世纪70年代随着计算机技术发展而出现的。它的主要基础是4C技术，即计算机、控制、通信和CRT显示技术。DCS分硬件和软件两个部分。其硬件部分主要有集中操作管理装置、分散过程控制装置和通信接口设备等组成。通过通信网络将这些硬件设备连接起来，共同实现数据采集、分散控制和集中监视、操作及管理等功能。DCS软件包括工程师站组态软件、操作员站在线软件、现场控制器运行软件、服务器软件等。

当前，BAS都采用分层分布式结构。整个集散型控制系统分成三层，每层之间均有通信传输线路（又称传输信号线路）相互连接形成整体。因此，集散型控制系统结构是由第1层中央管理计算机系统、第2层区域智能分站（现场控制设备，即DDC控制器）和第3层数据控制终端设备或元件组成。

中央管理系统实施集中操作，还有显示、报警、打印与优化控制等功能。智能分站通过传输信号线路和传感元件对现场各监测点的数据定期采集，将现场采集的数据及时传送到上位管理计算机；同时，接收上位管理计算机下达的实施指令，通过信号控制线控制执行元件动作，完成对现场设备进行控制。传感元件和执行元件称为终端设备，传感元件对温度、湿度、流量、压力、有害气体和火灾检测等监测对象进行检测，执行元件对水泵、阀门、控制器和执行开关等进行调节或开关。

目前，GCS与BAS的集成工作，主要体现在如何确定综合利用的通信线路和安装施工协调两个方面。

1. BAS的通信线路

目前，在建筑设备自动化控制系统中各子系统中常用的线缆类型，主要有电源线、传输信号线路和控制信号线三种：电源线一般采用铜芯聚氯乙烯绝缘线；传输信号线通常采用50Ω，75Ω，93Ω等同轴电缆和双绞线等，有非屏蔽（UTP）或屏蔽（STP）两种类型。控制信号线一般采用普通铜芯导线或信号控制电缆。由此可见，BAS所用的线缆类型只有传输信号线路可与综合布线系统综合利用，这种技术方案也能简化网络结构，降低工程建设造价和日常维护费用，方便安装和管理工作。此时，应统一线缆类型、品种和规格，并注意以下几点：

①建筑自动化系统品种类型较多，有星形、环形和总线形等不同的网络拓扑结构，其终端设备使用性质各不相同，且它们的装设位置也极为分散。而综合布线系统的网络拓扑结构为星形，各种缆线子系统的分布并不完全与各个设备系统相符，因此，在综合布线系统设计中，不能强求集成，而应结合实际有条件地将部分具体线路纳入综合布线系统中。

②按照国家标准规定要求火灾报警和消防专用的信号控制传输线路应单独

设置，不得与 BAS 的低压信号线路合用。因此，在综合布线系统中这些线路也不应纳入。

③BAS 如在传输信号过程时，有可能产生电缆线路短路、过压或过流等问题，必须采取相应的保护措施，不能因线路障碍或处理不当，将交直流高电压或高电流引入综合布线系统而引发更严重的事故。

当利用综合布线系统作为传输信号线路时，GCS 通过装配有 RJ－45 插头的适配器与建筑环境控制和监测设备的网络接口或直接数字控制器（DDC）设备相连。经过综合布线系统的双绞线和配线架上多次交叉连接（跳接）后，形成建筑设备自动化系统中的中央集中监控设备与（分散式）直接数字控制设备之间的链路。此时，（分散式）直接数字控制设备与各传感器之间也可利用综合布线系统中的线缆（屏蔽或非屏蔽）和 RJ－45 等器件构成连接链路。

2. GCS 与 BAS 的施工协调

智能建筑中 BAS 的信号传输线路利用综合布线时，其线路安装敷设应根据所在的具体环境和客观要求，统一考虑选用符合工艺要求的安装施工方法。主要注意以下 5 点：

①BAS 水平敷设的通信传输线路，其敷设方式可与综合布线系统的水平布线子系统相结合，采取相同的施工方式，如在吊顶内或地板下。

②当 BAS 的通信传输线路，采取分期敷设的方案时，通信传输线路所需的暗敷管路、线槽和槽道（或桥架）等设施，都应预留扩展余量（如暗敷管路留有备用管、线槽或槽道内部的净空应有富余空间等），以便满足今后增设线缆的需要。

③应尽量避免通信传输线路与电源线在无屏蔽的情况下长距离墙平行敷设。如必须平行安排，两种线路之间的间距宜保持 0.3m 以上，以免影响正常信号传输。如在同一金属槽道内敷设，它们之间应设置金属隔离件（如金属隔离板）。

④在高层的智能建筑内，建筑自动化系统的主干传输信号线路，如客观条件允许时，应在单独设置通信和弱电线路专用的电缆竖井或上升房中敷设。如必须与其他线路合用同一电缆竖井时，根据有关设计标准规定保持一定的间距。

⑤在一般性而无特殊要求的场合，且使用双绞线的，应采用在暗敷的金属管或塑料管中穿放的方式；如有金属线槽或带有盖板的槽道（有时为桥架）可以利用，且符合保护线缆和传送信号的要求时，可采取线槽或槽道的建筑方式。所有双绞线、对称电缆和同轴电缆都不应与其他线路同管穿放，尤其是不应与电源线同管敷设。

第二章 智能建筑系统设计

（二）GCS 与电话系统

传统 2 芯线电话机与综合布线系统之间的连接通常是在各部电话机的输出线端头上装配 1 个 RJ-11 插头，然后将其插在信息出线盒面板的 8 芯插孔上就可使用。在 8 芯插孔外插上连接器（适配器）插头后，就可将 1 个 8 芯插座转换成 2 个 4 芯插座，供两部装配有 RJ-11 插头的传统电话机使用。采用连接器也可将 1 个 8 芯插座转换成 1 个 6 芯插座和 1 个 2 芯插座，供装有 6 芯插头的电脑终端以及装有 2 芯插头的电话机使用。此时，系统除在信息插座上装配连接器（适配器）外，还需在楼层配线架（IDF）上和在主配线架（MDF）上进行交叉连接（跳接），构成终端设备对内或对外传输信号的连接线路。

数字用户交换机（PABX）与综合布线系统之间的连接是由当地电话局中继线引入建筑物的，经系统配线架（交接配线架）外侧上的过流过压保护装置后，跳接至内侧配线架与用户交换机（PABX）设备连接。用户交换机与分机电话之间的连接是由系统配线架上经几次交叉连接（跳接）后形成的。

建筑物内直拨外线电话（或专线线路上通信设备）与综合布线系统之间的连接是由当地电话局直拨外线引入建筑物后，经配线架外侧上的过流过压保护装置和各配线架上几次交叉连接（跳接）后构成直拨外线电话线路。

（三）GCS 与计算机网络系统

计算机网络与综合布线系统之间的连接，是先在计算机终端扩展槽上插上带有 RJ-45 插孔的网卡，然后再用一条两端配有 RJ-45 插头的线缆，分别插在网卡的插孔和布线系统信息出线盒的插孔，并在主配线架上与楼层配线架上进行交叉连接或直接连接后，就可与其他计算机设备构成计算机网络系统。

（四）GCS 与电视监控系统

电视监控系统中所有现场的彩色（或黑白）摄像机（附带遥控云台及变焦镜头的解码器），除采用传统的同轴屏蔽视频电缆（75Ω）和屏蔽控制信号电缆，与控制室控制切换设备连接构成电视监控系统的方法外，还可采用综合布线系统中非屏蔽双绞线（100Ω）为链路，以及采用视频信号、控制信号（如 RS 232 标准）适配器与监事部分、控制室部分的电子监控设备相匹配连接后，构成各摄像机及解码器与监控室控制切换设备之间采用综合布线系统进行通信的监控电视系统的方法。

第三节 智能建筑设备自动化系统

一、智能建筑设备运行监控系统

智能化建筑涉及的建筑设备种类繁多,但基本上还是由供配电与照明系统、暖通空调系统和给排水系统的设备组成。

(一)供配电系统的监控

1. 供配电基础知识

(1)电力网

输、配电线路和变电所等连接发电厂和用户的中间环节是电力系统的一部分,称为电力网。电力网常分为输电网和配电网两大部分。由35kV及其以上的输电线路和与其相连接的变电所组成的网络称为输电网。输电网的作用是将电力输送到各个地区或直接送给大型用户。35kV以下的直接供给的线路,称为配电网或配电线路。用户电压等级如果是380/220V,则称为低压配电线路。把电压降为380/220V的用户变压器称为用户配电变压器。如果用户是高压电气设备,这时的供电线路称为高压配电线路。连接用户配电变压器及其前级变电所的线路也称为高压配电线路。

(2)电压等级

电力网的电压等级较多,不同电压等级有不同的作用。从输电的角度看,电压越高越好,但要求绝缘水平也越高,因而造价也越高。目前,我国电力网的电压等级主要有:0.22kV、0.38kV、6kV、10kV、35kV、110kV、220kV、500kV等。

(3)用电负荷等级

在电力网上,用电设备所消耗的功率称为用户的用电负荷或电力负荷。用户供电的可靠性程度用负荷等级来区分它是由用电负荷的性质来确定的。用电负荷等级划分为三类:一级负荷、二级负荷、三级负荷。

一级负荷:中断供电造成人员伤亡者、重大政治影响者、重大经济损失者或公共场所的秩序严重混乱者。

二级负荷:中断供电造成较大政治影响者、较大经济损失者或公共场所的秩序混乱者。

三级负荷:不属一、二级负荷者。

在建筑用设备中,属于一级负荷的设备有:消防控制室、消防水泵、消防电梯、防排烟设施、火灾自动报警、自动灭火装置、火灾事故照明、疏散指示标志、保安设备、主要业务用的计算机及外设、管理用的计算机及外设、通信设备、重要场所的应急照明和电动防火门窗、卷帘、阀门等消防用电设备。属于二级负荷的设备有：客梯、生活供水泵房。空调、照明等属于三级负荷。

(4) 供电系统

电力的输送与分配，由母线、开关、配电线路、变压器等组成一定的供电电路，这个电路就是供电的一次线路，即主接线。智能建筑由于功能上需要，一般都采用双电源供电，即要求有2个独立电源。

2. 供配电系统的监控过程

1#变压器与2#变压器一用一备、交替工作。在1#变压器工作时，DDC控制器通过温度传感器检测1#变压器的工作温度，当1#变压器的工作温度超过一定标准时，DDC控制器就输出指令到控制开关的动作机构，使1#变压器的进线开关断开。如果1#变压器的温度未超标，但DDC检测到进线电流电压异常，超过控制值，也会控制1#变压器的进线开关断开，然后再接通2#变压器的进线开关，使供配电系统能够持续供电。

当DDC检测到1#，2#变压器的低压侧的电流电压均异常时（如停电），则会断开两个变压器的进线开关，启动备用柴油发电机。在启用柴油发电机后，对柴油发电机的油箱、油位、转速、电流频率、电压、电流进行检测，适时调整柴油发电机的运行状态。在柴油发电机耗尽油料或出现故障时，则停止备用发电。

智能建筑中的高压配电室对继电保护非常严格，一般的纯交流或整流操作不能满足要求，必须设置蓄电池组，以提供控制、保护、自动装置及应急照明等所需的直流电源。一般采用镉镍电池组，对镉镍电池组的监控包括电压监测、过流过压保护及报警等。

3. 供配电系统的监测控制内容

(1) 监测内容

安全、可靠的供电是智能化建筑正常运行的先决条件，以上是对智能建筑供配电系统监控过程的一个简单介绍。供配电系统更具体的监测内容包括以下内容：

①高、低压进线、出线与中间联络断路器状态检测和故障报警；电压、电流、功率、功率因数的自动测量、自动显示及报警。

②变压器两侧电压、电流、功率和温度的自动测量和显示，并提供高温报警。

③直流操作柜中交流电源主进线开关状态监视，直流输出电压、电流等参

数的测量、显示及报警。

④备用电源系统，包括发电机启动及供电断路器工作状态监视与故障报警，电压、电流、有/无功功率、功率因数、频率、油箱油位、进口油压、冷却水进、出水温度和水箱水位等参数的自动测量、显示及报警。

（2）电力供应监控装置

它根据检测到的现场信号或上级计算机发出的控制命令产生开关量输出信号，通过接口单元驱动某个断路器或开关设备的操作机构来实现供配电回路的接通或断开。实现上述控制通常包括以下几方面的内容：

①高、低压断路器、开关设备按顺序自动接通/分断。

②高、低压母线联络断路器按需要自动接通/分断。

③备用柴油发电机组及其配电柜开关设备按顺序自动合闸转换为正常供配电方式。

④大型动力设备定时启动、停止及顺序控制。

⑤蓄电池设备按需要自动投入及切断。

（3）电力设备管理

供配电系统除了实现上述保证安全、正常供配电的控制外，还能根据监控装置中计算机软件设定的功能，以节约电能为目标对系统中的电力设备进行管理，主要包括：变压器运行台数的控制、用电负荷的监控、功率因数补偿控制及停电到恢复送电的节能控制等。

（4）供配电系统监控的关键技术

①采样技术。自控系统的关键环节就是数据采集。根据采样信号，采集过程分为直流采样和交流采样。直流采样的采样对象为直流信号。它把交流电压、电流信号经过各种变送器转化为 $0\sim5V$ 的直流电压，再由各种装置和仪表采集。其实现方法简单，只需对采样值做一次比例变换即可得到被测量的数值。但直流采样无法采集实时信号，变送器的精度和稳定性对测量精度影响很大，设备复杂且维护困难。交流采样是将二次测得的电压、电流经高精度的电流互感器（CT）、电压互感器（PT），把大电流高电压变成计算机可测量的交流小信号，然后再由计算机进行处理。这种方法能够对被测量的瞬时值进行采样，实时性好，相位失真小，通过算法运算后获得的电压、电流、有功功率、功率因数等电子参数有着较好的精确度和稳定性，成本也较低。目前，通常采用 8031 单片机实现电力参数的交流采样。通过 LED 显示器显示频率、电压、电流的实时值，在过电压 30%、欠电压 30%时进行声光报警，并能定时打印电压、电流及频率值。

②双 CPU 技术。监控系统的主要功能分为监测控制和保护控制两个方面。

用双 CPU 处理单元，一个用于信号监测控制，被称为监控 CPU；另一个用于保护控制，称为保护 CPU。这样可以将系统保护、控制、测量、通信等功能，合理地分配到 2 个 CPU 芯片并行处理，防止系统满负荷工作，既有利于提高系统处理问题的速度和能力，还可以提高系统的稳定性。

（二）主动配电网（ADN）

进入 21 世纪之后，分布式电源（DG）得到了长足的发展，未来 DG 分布式储能将广泛而高密度地接入电网，并在未来节能减排中扮演越来越重要的角色，配电网也会变得越来越复杂。DG 的高渗透率接入，在不断满足电网能量需求的同时，也使新的市场、新的服务、新的交易机制得到了尝试和发展，其对电网和环境带来的效益也越来越受到关注。在智能配电网和主动配电网的框架下，新的配电模式正在逐渐形成。

智能电网是指一个完全自动化的供电网络，其中的每一个用户和节点都得到了实时监控，并保证了从发电厂到用户端电器之间的每一点上的电流和信息的双向流动。通过广泛应用的分布式智能和宽带通信及自动控制系统的集成，可以保证市场交易实时进行和电网上各成员之间无缝连接及实时互动。由于目前在"发、输、配、用"电这一链条中，同发电和输电环节相比，配电、用电以及电力公司和终端用户的合作等环节上相对薄弱，影响了系统的整体性能和效率，因此 SDG 成为目前智能电网的研究重点。DG、储能系统、电动汽车以及智能终端的大量接入，使配电网具备了一定的主动调节、优化负荷的能力，具有主动管理能力的配电网称为 ADN。ADN 通过引入 DG 及其他可控资源，辅助以灵活有效的协调控制技术和管理手段。实现配电网对可再生能源的高度兼容和对已有资产的高效利用，并且可以延缓配电网的升级投资、提高用户的用电质量和供电可靠性。

ADN 可定义为：可以综合控制分布式能源的配电网，可以使用灵活的网络技术实现潮流的有效管理，分布式能源在其合理的监管环境和接入准则基础上承担系统一定的支撑作用。

ADN 的功能。首先，利用高级量测体系和先进的通信技术实现实时运行数据的准确可靠收集，通过负荷和发电预测以及状态估计等功能准确感知系统当前的运行状态。然后，利用系统的可控资源和分布式能源进行优化，并通过市场价格的制订（能源交易的管理等）方式激励电力用户响应配电网运营商的调度计划，在满足各种运行约束的前提下，实现配电网的最优运行。ADN 的作用就是变被动控制方式为主动控制方式，依靠主动式的电网管理对这些资源进行整合。因此，现代配电网已不再等同于仅仅将电力能源从输电系统配送到中低压终端用户的传统配电网，在 2012 年的 CIGRE 年会上 C6 工作组开始考虑采用主动配电系统（ADS）来代替 ADN 的概念。

为了更好地理解 ADN 的含义，这里将其和微网进行比较。

（1）从设计理念上

微网是一种自下而上的方法，能集中解决网络正常时的并网运行以及当网络发生扰动时的孤岛运行，而 ADN 采用自上而下的设计理念，从整体角度实现系统的优化运行。

（2）从运行模式上

微网是一个自治系统，可以与外部电网并网运行，也可以孤岛运行，而 ADN 是由电力企业管理的公共配电网，常态方式下不孤岛运行。

（3）从系统规模上

微网是实现 DG 与本地电网耦合较为合理的技术方案，但其规模和应用范围往往受限，而 ADN 旨在解决电网兼容及应用大规模间歇式可再生能源，是一种可以兼容微网及其他新能源集成技术的开放体系结构。

（4）从资源利用上

微网强调的是能量的平衡，满足能量上的自给自足和自治运行，而 ADN 更强调信息价值的利用，通过高级量测系统和先进的通信技术达到全网资源的协调优化。

（三）照明监控系统

智能建筑是多功能的建筑，不同用途的区域，如室内走廊、楼梯间、大堂、室外的庭院、环境灯饰、休息区等，对照明存在不同的要求。因此，应根据不同区域的特点，对照明设施进行不同的控制。在系统中应包含一个智能分站，对整个建筑的照明设备进行集中的管理控制。这个智能分站就是照明监控系统，它包括了建筑物各层的照明配电箱、事故照明配电箱以及动力配电箱，其监控功能有：

①根据季节变化或使用需要，按时间程序对不同区域的照明设备分别进行开/停控制。

②正常照明供电出现故障时，立即投入相关区域的事故照明。

③发生火灾时，按事件控制程序关闭有关的照明设备，打开应急灯。

④有保安报警时，将相应区域的照明灯打开。

照明监控系统的任务主要有两个方面：一是为了保证建筑物内各区域的照度及视觉环境而对灯光进行控制，称为环境照度控制，通常采用定时控制、合成照明控制等方法来实现；二是以节能为目的对照明设备进行的控制，简称照明节能控制，有区域控制、定时控制、室内检测控制三种控制方式。

照明区域监控系统功能，照明区域控制系统的核心是 DDC 分站，一个

DDC分站所控制的规模可能是楼层的照明或是整座建筑的装饰照明，区域既可按地域划分，也可按功能划分。作为BAS的子系统，照明监控系统除了对各照明区域的照明配电柜（箱）中的开关设备进行控制，还要与上位计算机进行通信，接受其管理控制。因此，它是典型的计算机监控系统。

（四）暖通空调监控系统

空调系统是为了营造室内温度适宜、湿度恰当和空气洁净的良好的工作与生活环境。在智能楼宇中，一般采用集中式空调系统，通常称为中央空调系统。中央空调系统主要由空气处理系统、冷源系统（冷冻站）、热源系统组成。对空气的冷热处理集中在专用的机房里，按照所处理空气的来源，集中式空调系统可分为封闭式系统、直流式系统和混合式系统。封闭式系统的新分量为零，全部使用回风，其冷、热消耗量最少，但空气品质差。直流式系统的回风量为零，全部采用新风，其冷、热消耗量最大，但空气品质好。由于封闭式系统和直流式系统的上述特点，二者都只在特定情况下使用。对于绝大多数场合，采用适当比例的新风和回风相混合，这种混合系统既能满足空气品质要求，经济上又比较合理，因此应用最广。

1. 风机盘管系统

风机盘管机组（FCU）的局部调节，包括风量调节、水量调节和旁通风门调节三种调节方法。风量调节通常分高、中、低三挡调节风机转速，以改变通过盘管的风量。水量调节多采用两通阀变流量调节，也可采用三通阀分流调节。

作为一种局部空调设备，风机盘管对温度控制的精度要求不高，温度控制器也比较简单，最简单的自控可通过双金属片温度控制器直接控制电动截止阀的启、闭来实现。在要求较高的场合，可采用NTC元件测温，用P或PI控制器控制电动调节阀开度和/或风机转速，通过改变冷、热水流量和风量来达到控制温度的目的。当电动调节阀开度和风机转速同时受温度控制器控制时，应当保证送风量不低于最小循环风量，以满足室内气流组织的最低要求。

2. 供暖系统的监控

供暖系统包括热水锅炉房、换热站及供热阀。根据智能建筑的特点，下面对供暖锅炉房的监控进行简要介绍。

供暖锅炉房的监控对象可分为燃烧系统和水系统两大部分。其监控系统可由若干台DDC及1台中央管理机构成。各DDC装置分别对燃烧系统、水系统进行监测控制。根据供热状况控制锅炉及各循环泵的开启台数，设定供水温度及循环流量，协调各台DDC完成监控管理功能。

(1) 锅炉燃烧系统的监控

热水锅炉燃烧过程的监控任务主要是根据需要的热量，控制送煤链条速度及进煤挡板高度，根据炉内燃烧情况、排烟含氧量及炉内负压控制鼓风、引风机的风量。为此，检测的参数有：排烟温度；炉膛出口、省煤器及空气预热器出口温度；供水温度；炉膛、对流受热面进出口、省煤器、空气预热器、除尘器出口烟气压力；一次风、二次风压力；空气预热器前后压差；排烟含氧量信号；挡煤板高度位置信号。燃烧系统需要控制的参数有炉排速度，鼓风机、引风机风量及挡煤板高度等。

由于燃煤锅炉的使用逐步受到限制，现在各大中城市广泛使用自动化的燃气燃油锅炉，称为热水机组。它们一般采用数字控制方式，自带DDC既可独立工作，也可联网受控，接受上位/中央管理计算机的控制。

(2) 锅炉水系统的监控

锅炉水系统监控的主要任务有以下三个方面：

①保证系统安全运行。主要保证主循环泵的正常工作及补水泵的及时补水，使锅炉中循环水不致中断，也不会由于欠压缺水而放空。

②计量和统计。测定供回水温度、循环水量和补水流量，从而获得实际供热量和累计补水量等统计信息。

③运行工况调整。根据要求改变循环水泵运行台数或改变循环水泵转速，调整循环流量，以适应供暖负荷的变化，节省电能。

3. 冷热源及其水系统的监控

智能建筑中的冷热源主要包括冷却水、冷冻水及热水制备系统，其监控内容如下：

(1) 冷却水系统的监控

冷却水系统的作用是通过冷却塔和冷却水泵及管道系统向制冷机提供冷水，监控的目的主要是保证冷却塔风机、冷却循环水泵安全运行，确保制冷机冷凝器侧有足够的冷却水通过，并根据室外气候情况及冷负荷调整冷却水运行工况，通过调节冷却塔风机和冷却水循环泵的转速，在规定范围内控制冷却水温度。

(2) 冷冻水系统的监控

冷冻水系统由冷冻水循环泵通过管道系统连接冷冻机蒸发器及用户各种冷水设备（如空调机和风机盘管）组成。对其进行监控的目的主要是保证机组的蒸发器通过足够的水量，使蒸发器正常工作；向冷冻水用户提供足够的水量以满足使用要求；在满足使用要求的前提下，尽可能减少水泵耗电。主要的控制方式就是根据冷冻水经过蒸发器后的温度，调整冷冻水循环泵的转速，增大或减小冷冻水的流量,以保证有足够的冷冻水量通过蒸发器。

两台冷却塔和两台冷水机组成一个中央制冷系统,系统中启动与停止的顺序如下:

①启动。其顺序控制为冷却水电动阀→冷却水泵→冷却塔进水自动阀→冷却塔风机→冷冻水电动阀→冷冻水泵→冷水机组→监视水流状态。

②停止。其顺序控制为冷水机组→冷冻水泵→冷冻水电动阀→冷却塔风机→冷却塔进水电动阀→冷却水泵→冷却水电动阀。

对于串联运行的制冷系统,当其中任意一台设备发生故障时,系统将自动关停该串联制冷机组,启动运行累计时间最少的下一串联制冷机组。对于并联运行方式的制冷系统,当某一台设备发生故障时,关停该设备,然后启动与之并联的另一台运行累计时间最少且相同的设备。根据冷冻水总供水、总回水的温度及总回水流量来计算冷冻水系统的冷负荷,按其实际的冷负荷决定投入冷水机组的数量,即实现冷水机组运行台数的优化控制,以达到最佳的节能效果。

根据冷冻水总供水和总回水之间的压差值与 BAS 中设定的压差值进行比较后,控制旁通阀的开关,从而保证冷冻供、回水压差的稳定。

冷却塔回水温度与系统中设定的值相比较后,控制冷却塔进水电动阀及风机的启动/停止。

(3) 热水制备系统的监控

热水制备系统以热交换器为主要设备,其作用是产生生活、空调及供暖用热水。对这一系统进行监控的主要目的是监测水力工况以保证热水系统的正常循环,控制热交换过程以保证要求的供热水参数。

4. 变风量控制系统(VAV)

普通集中式空调系统的送风量固定不变,按房间热湿负荷确定送风量,称为定风量(CAV)系统。但实际上房间热湿负荷很少达到最大值,且在全年的大部分时间低于最大值。当室内负荷减小时,定风量系统靠调节再热量以提高送风温度(减小送风温差)来维持室温。既浪费热量,又浪费冷量。因而出现了变风量系统。

变风量空调系统是一种通过改变送入各房间的风量来适应房间负荷变化的全空气系统。具体而言,系统通过变风量末端调节末端风量来保证房间温度;同时,变频调节送、回风机来维持系统的有效、稳定运行,并动态调整新风量保证室内空气品质,是有效利用新风能源的一种高效的全空气系统。它不仅在定风量系统上安装了末端装置和变速风机,而且还有一整套由若干个控制回路组成的控制系统。变风量系统运行工况是随时变化的,它必须依靠自动控制才能保证空调系统最基本的要求适宜的室温、足够的新鲜空气、良好的气流组织、正常的室内压力。目前，通常采用三种变风量系统控制方法。

（1）定静压控制法

当室内负荷发生变化时，室温相应发生变化。室温的变化由温度传感器感知并送到变风量末端装置控制器，调节末端装置的控制风阀开度，改变送风量，跟踪负荷的变化。随着送风量的变化，送风管道中的静压也随之发生变化。静压变化由安装在风道中某一点（或几点取平均值）的静压传感器测得的，并送至静压控制器。静压控制器根据静压实际值和设定值的偏差调节变频器和输出频率，改变风机转速，从而维持静压不变；同时，还可根据不同季节、不同需要来改变送风温度，以满足室内环境的舒适性要求。

定静压控制方法简单，概念清楚，在实际工程中被广泛采用。只要经过仔细调试，采用定静压控制方法的变风量空调系统能够取得预期的运行效果。但定静压控制法的主要缺点有两个：一是静压测点的位置难以确定，二是风道静压的最优设定值难以确定。为了保证在最大设计负荷时，系统中处于"最不利点"的末端装置仍有足够的风量并留有一定的富余量，系统设计时往往将静压设定值取得较高，增加了风机能耗。当系统在部分负荷下运行时，末端装置的风阀开度较小，使得气流通过时噪声较大，且因送风量降低而造成室内气流组织变坏，并可能造成新风量不足，因此出现了变静压控制法。

（2）变静压控制法

阀位设定信号所谓变静压控制，就是利用压力无关形变风量末端中的风阀开度传感器，将各台末端的风阀开度送至风机转速控制器，控制送风机的转速，使任何时候系统中至少有一个变风量末端装置的风阀接近全开。

变静压控制方法的主要思想，就是利用压力无关形变风量末端的送风量与风道压力无关的特点，在保证处于"最不利点"处末端送风量的前提下，尽量降低风道静压，从而降低风机转速，减少风机能耗。

（3）总风量控制法

在变静压控制方法中，当室内温度发生变化后，温度控制器给出一个风量设定信号，在风量控制器中与实际风量进行比较、计算后，给出阀位设定信号，送往风阀控制器改变风阀开启度，从而改变风量；同时，风阀控制器还将阀门开启度信号传递给风机转速控制器，用于调节风机转速。

在上述过程中，温度控制器已经给出了风量设定信号，但最后用于风量调节（即风机转速调节）的依据却是风阀开度，而不是实际风量。由此设想，如果将任意时刻系统中各末端的风量设定信号直接相加，就能够得到当时的总风量需求值，这一风量需求值就可作为调节风机转速的依据，不再需要通过风阀开启度这一参数来过渡。

二、智能交通运输系统

智能建筑的交通运输系统主要包括电梯系统和停车场管理系统。电梯和停车场是智能建筑不可缺少的设施。它们作为智能化建筑的组成部分,不仅自身要有良好的性能和自动化程度,而且还要与整个 BAS 协调运行,接受中央计算机的监视、管理及控制。

(一)电梯监控系统

电梯可分为直升电梯和自动扶梯,而直升电梯按其用途分,可分为客梯、货梯、客货梯、消防梯等。电梯的控制方式可分为层间控制、简易自动、集选控制、有/无司机控制及群控等。对于智能大厦中的电梯,通常选用群控方式。

1. 电梯的监控内容

(1) 正常/故障状态的监控

该监控包括电梯按时间程序设定运行时间表启/停电梯、监视电梯运行状态、在故障及紧急状况下报警。

运行状态监视包括启动/停止状态、运行方向、所处楼层位置等,通过自动检测并将结果送入 DDC,动态地显示出各台电梯的实时状态。故障检测包括电动机、电磁制动器等各种装置出现故障后,自动报警并显示故障电梯的地点、发生故障时间、故障状态等。紧急状况检测通常包括火灾、地震状况检测、发生故障时是否关入等,一旦发现立即报警。

(2) 多台电梯群控管理

智能建筑的电梯在上下班和午餐时间时,人流量十分集中,但在其他时间段又比较空闲。如何在不同客流时期自动进行调度控制,既减少候梯,又避免数台电梯同时响应同一召唤造成空载运行,这就要求电梯监控系统不断对各厅站的召唤信号和轿厢内选层信号进行循环扫描,根据轿厢所在位置、上下方向停站数、轿内人数等因素来实时判断客流变化,自动选择最佳输送方式。群控系统能对运行区域进行自动分配,自动调配电梯至运行区域的各个不同服务区段。服务区域可以随时变化,它的位置与范围均由各台电梯通报的实际工作情况确定,并随时监视,以便随时满足大楼各处的不同厅站的召唤。

(3) 配合消防系统协同工作

当发生火灾等异常情况时,消防监控系统中的消防联动控制器向电梯监控系统发出报警信息及控制信息,电梯监控系统主控制器再向相应的电梯 DDC 装置发出相应的控制信号,使它们进入预定的工作状态。普通电梯直驶首层、放客,自动切断电梯电源;消防电梯则由应急电源供电,停留在首层待命。

（4）配合安全防范系统协调工作

通过建筑内的闭路监控系统，由值班人员发出指令或受轿厢内紧急按钮的控制，电梯按照保安级别自动行驶至规定的停靠楼层，并对车厢门进行监控。

由于电梯的特殊性，每台电梯本身都有自己的控制箱，对电梯的运行进行控制，如上/下行驶方向、加/减速、制动、停止定位、停轿厢门开/闭、超重监测报警等。有多台电梯的建筑场合一般都有电梯群控系统，通过电梯群控系统实现多部电梯的协调运行与优化控制。楼宇自动化系统主要实现对电梯运行状态及相关情况的监视，只有在特殊情况下，如发生火灾等突发事件时才对电梯进行必要的控制。

2. 电梯监控系统的组成和特点

就单台电梯而言，目前在智能大厦中的电梯一般使用交流调压调频拖动方式（VVVF），即利用微机控制技术和脉冲调制技术，通过改变曳引电动机电源的频率及电压使电梯的速度按需要变化，具有高效、节能、舒适感好、控制系统体积小、动态品质及抗干扰性能优越等一系列优点。这种电梯多为操纵自动化程度较高的集选控制电梯。"集选"的含义是将各楼层厅外的上、下召唤及轿厢指令、井道信息等外部信号综合在一起进行集中处理，从而使电梯自动地选择运行方向和目的层站，并自动地完成启动、运行、减速、平层、开关门及显示、保护等一系列功能。集选控制的 VVVF 电梯由于自动化程度要求高，一般都采用以计算机为核心的控制系统。该系统电气控制柜的弱电部分通常使用起操纵和控制作用的微机计算机系统或可编程序控制器（PLC），强电部分则主要包括整流、逆变半导体及接触器等执行电器。柜内的计算机系统带有通信接口，可以与分布在电梯各处的智能化装置（如各层呼梯装置和轿厢操纵盘等）进行数据通信，组成分布式电梯控制系统，也可以与上层监控管理计算机联网，构成电梯监控系统。

整个系统由主控制器、电梯控制器、显示装置（CRT）、打印机、远程操作台及串行通信网络组成。主控制器以 32 位微机为核心，一般为 CPU 冗余结构，可靠性较高，它与设在各电梯机房的控制器进行串行通信，对各电梯进行监控。采用高清晰度的大屏幕彩色显示器，监视、操作都很方便。主控制器与上层计算机（或 BMS）及安全防范系统具有串行通信功能，以便与 BAS 形成整体。系统具有较强的显示功能，除了正常情况下显示各电梯的运行状态之外，当发生灾害或故障时，用专用画面代替正常显示画面，并且当必须进行管制运行或发生异常时，还能把操作顺序和必要的措施显示在画面上，由管理人员用光笔或鼠标器直接在 CRT 上进行干预，随时启/停任意一台电梯。电梯的运行及故障情况则定时由打印机进行记录，并向上位管理计算机（或 BMS）

送出。

(二) 停车场管理系统

停车场计算机收费管理系统是现代化停车场车辆收费及设备自动化管理的统称，将车场完全置于计算机管理下。目前，通常所应用的非接触式感应 ID 卡停车场计算机收费管理系统。

1. 停车场管理系统一般工作原理

(1) 入口工作

入口部分主要由非接触感应式 ID 卡的读写器、ID 卡出卡机、车辆感应器、入口控制板、自动路闸、车辆检测线圈、LED 显示屏、摄像头组成。临时车进入停车场时，车辆感应器检测车到。入口处的 LED 显示屏显示车位信息，系统以语音提示客户按键取卡，客户按键，票箱内发卡器内的 ID 卡，经输卡机芯传送至入口票箱出卡口，并完成读卡过程。系统同时启动入口摄像机，摄录一幅该车辆图像，并依据相应卡号，存入中央计算机的数据库中，中央计算机的位置可以放在监控室，一般放在出口收费处。司机取卡后，自动路闸起栏放行车辆，车辆通过车辆检测线圈后自动放下栏杆。月租卡车辆进入停车场时，车辆感应器检测车到，司机把月租卡在入口票箱感应区 10～12cm 距离内掠过，入口票箱内 ID 卡读写器读取该卡的特征和有关信息，判断其有效性。若有效，自动路闸起栏入行车辆，车辆通过车辆检测线圈后自动入下栏杆；若无效，则不允许入场。

(2) 出口工作

出口部分主要由非接触感应式 ID 卡读写器、车辆感应器、出口控制板、自动路闸、车辆检测线圈、LED 显示屏、摄像头组成。临时车驶出停车场时，在出口处，司机将非接触式 ID 卡交给收费员，收费员在收费所用的感应读卡器附近晃一下，依据相应卡号，存入中央计算机的数据库中系统根据卡号自动计算出应交费，收费员提示司机交费。收费员收费后，按确认键，电动栏杆升起。车辆通过埋在车道下的车辆检测线圈后电动栏杆自动落下，同时收费处中央计算机将相关信息记录到数据库内。月租卡车辆驶出停车场时，设在车道下的车辆检测线圈检测车到，司机把月租卡在出口票箱感应器 12cm 距离内掠过，出口票箱内 ID 卡读卡器读取该卡的特征和有关 ID 卡信息，判别有效性。收费员确认月卡有效，自动路闸开起栏杆放行车辆，车辆感应器检测车辆通过后，栏杆自动落下；若有误则不允许放行，同时收费处中央计算机将相关信息记录到数据库内。

2. 停车场管理系统的监控

停车场管理系统与其他 BAS 子系统一样，结构也分为三层。所不同的是，中间层不是控制器而是控制计算机。

监控主机又称中央管理计算机,它处于系统的最上层。监控计算机的功能要求综合管理整个停车场,并以简单直观的方式向操作员提供系统的各种信息。它负责与出入口票箱读卡器、发卡器通信外,还负责对报表打印机(发票机)和收费显示屏发出相应的控制信号,同时完成同一卡号入口车辆图像与出场车辆车牌的对比、车场数据下载、读取 IC/ID 卡信息、查询打印报表、统计分析、系统维护和月租卡发售功能。

出、入口控制计算机处于系统的中间层,用以管理和实现整个系统线路的通信,监督各现场设备和系统记录,确保系统的正常工作。出、入口控制计算机可以独立于主机工作,控制现场设备的设定、开/关停车场设备,自动监督检查设备所出现的故障并打印出来。出口控制计算机还可承担着收款及打印票据的工作。

三、火灾自动报警联动控制系统

智能防火系统是以火灾为监控对象,根据防灾要求和特点而设计、构成和工作的,是一种及时发现和通报火情,并采取有效措施控制扑灭火灾而设置在建筑物中或其他场所的自动消防设施。它是智能建筑不可缺少的一种安全自救系统。

(一)火灾的形成与探测方法

1. 普通物质的起火过程及其特征

普通可燃物质的起火过程是:首先产生燃烧气体和烟雾,在氧气供应充分的条件下逐渐完全燃烧,产生火焰并发出可见光与不可见光,同时释放出大量的热,使环境温度升高,最终酿成火灾。从开始燃烧到火灾形成的过程中,各阶段具有以下一些特征。

(1)初起和阴燃阶段

此阶段时间较长,能产生烟雾气溶胶,在未能受到控制情况下,大量的烟雾气溶胶会逐步充满室内环境,但温度不高,火势尚未蔓延发展。若在此阶段能将火灾信息——烟浓度探测出来,就可以将火灾损失控制在最低限度。

(2)火焰燃烧阶段

经过阴燃阶段可燃物蓄积的热量使环境温度升高,在可燃物着火点出现明火,火焰扩散后火势开始蔓延,环境温度继续升高,燃烧不断扩大,形成火灾。若此阶段能将火灾引起的明显的温度变化探测出来,也能较及时地控制火灾。

（3）全燃阶段

物质燃烧会产生各种波长的光，热辐射中含有大量的红外线和紫外线，感光探测能够探测出火灾的发生。但如果经过了较长时间的阴燃，大量的烟雾就会影响感光探测的效果；油品、液化气等物质起火时，起火速度快并且迅速达到全燃阶段，形成很少有烟雾遮蔽的明火火灾，感光探测结果则及时有效。

当可燃物是可燃气体或易燃液体蒸汽时，起火燃烧过程不同于普通可燃物，会在可燃气体或蒸汽的爆炸浓度范围内引起轰燃或爆炸。这时，火灾探测以可燃气体或其蒸汽浓度为探测对象。

2. 火灾的探测方法

火灾的探测，是以物质燃烧过程中的各种现象为依据，以实现早期发现火灾的目的。根据物质燃烧从阴燃到全燃过程各阶段所产生的不同火灾现象与特征，形成了不同的火灾探测方法。

（1）火焰（光）探测法

根据物质燃烧所产生的火焰光辐射，其中主要是红外辐射和紫外辐射的大小，通过光敏元件与电子线路来探测火灾现象。

（2）热（温度）探测法

根据物质燃烧释放的热量所引起的环境温度升高或其变化率大小，通过热敏元件与电子线路来探测火灾现象。

（3）空气离化探测法

利用放射性同位素（如 Am241）释放的 α 射线将空气电离，使腔室（电离室）内空气具有一定的导电性；当烟雾气溶胶进入室内，烟粒子将吸附其中的带电离子，产生离子电流变化。此电流变化与烟浓度有直接的关系，并可用电子线路加以检测，从而获得与烟浓度有直接关系的电信号，用于火灾确认和报警。

（4）光电感烟探测法

根据光的散射定律，在通气暗箱内用发光元件产生一定波长的探测光，当烟雾气溶胶进入暗箱时，其中粒径大于探测光波长的着色烟粒子产生散射光，通过与发光元件成一定夹角的光电接受元件接收到的散射光的强度，可以得到与烟浓度成正比的电流信号或电压信号，用于判定火灾。

根据不同的火灾探测方法制成的火灾探测器，按其探测的火灾参数可分为感烟式、感温式火灾探测器、感光式火灾探测器和可燃气体探测器，以及烟温、温光、烟温光等复合式火灾探测器。从前述的火灾逐步蔓延、发展的各阶段特点来看，感烟、感温、感光三种探测器有各自的特点。

①感烟型通常能够最早感受火灾参数、报警及时、火灾造成的损失小，但

易受非火灾型烟雾、汽尘的干扰,误报率最高。

②感温探测器的温度阈值一般较高,不易受到干扰,可靠性高,但反应就较迟钝,容易造成较大损失。

③感光探测器针对一些特殊材料的火灾,如具有易燃易爆性质的材料,其起烟微弱而火焰上升快,非常有效。

探测器把感受到的火灾参数转变成电讯号,通过信号线传输到控制器。根据探测器送来的电讯号的情况,控制器做出相应的反应。当控制器识别出火灾信息,发出规定声响警报和灯光警报,并指示出报警地址后,火灾的探测与报警功能完成,然后控制联动装置动作,自动喷水、启动消防栗等,尽可能地控制火灾的发生与发展,将火灾的损失降到最低限度。

由于智能建筑非常强调自救能力,选用火灾探测器就必须根据火灾区域内可能发生的火灾初期的形成和发展特点、房间高度、环境条件和可能引起误报的因素等综合确定。从当前智能建筑的工程实践来看,为了使探测既灵活又可靠,智能建筑最适合使用复合型探测器。

(二)火灾的自动报警与联动控制

为了加强自救能力,智能建筑和智能小区一般会设置一个消防控制中心。在这个中心里,安装火灾自动报警系统,设立专职人员 24 h 值班,对火情进行集中监控。火灾自动报警系统由火灾探测器、信号线路、火灾报警控制器(台)三大部分组成。

1. 火警信号传输线路

探测器的信号传输线路是独立的,不得与 GCS 集成。应采用不低于 250 V 的铜芯绝缘导线。导线的允许载流量不应小于线路的负荷工作电流,其电压损失一般不应超过探测器额定工作电压的 5%;当线路穿管敷设时,导线截面不得小于 $1.0 mm^2$;在线槽内敷设时,导线截面不小于 $0.75 mm^2$。连接探测器的信号线多采用双绞线,一般正极线"+"为红色,负极线"-"为蓝色。

敷设室内传输线路应采用金属管、硬质塑料管、半硬质塑料套管或敷设在密封线槽内。对建筑内不同系统的各种类别强电及弱电线路,不应穿在同一套管或线槽内。火灾自动报警系统横向线路应采用穿管敷设,对不同防火分区的线路不要同一管内敷设。在同一工程中,同类型的绝缘导线颜色应相同,其接线端子应标号。

2. 火灾报警控制器

(1)火灾报警控制器的类型

按其用途不同,可分为区域火灾报警控制器、集中火灾报警控制器和通用火灾报警控制器三种基本类型。

①区域火灾报警控制器。直接连接火灾探测器，处理各种报警信号。

②集中火灾报警控制器。一般不与火灾探测器相连，而与区域火灾报警控制器相连，处理区域级火灾报警控制器送来信号，常使用在较大型系统中。

③通用火灾报警控制器。兼有区域、集中二级火灾报警控制器的双重特点。通过设置或修改某些参数（可以是硬件或者是软件方面）即可作为区域级使用，连接探测器；又可作为集中级使用，连接区域火灾报警控制器。

近年来，随着火灾探测报警技术的发展和模拟量、总线制、智能化火灾探测报警系统的逐渐应用，在智能建筑领域，火灾报警控制器已不再分为区域、集中和通用3种类型，统称为火灾报警控制器。

（2）火灾报警控制器的功能

火灾探测器通过信号传输线路把火灾产生地点的信号发送给火灾报警控制器，火灾报警控制器将接收到的火灾信号以声、光的形式发出报警，显示火灾信号的位置，向消防联动控制设备发出指令，对火灾进行扑救，阻止火势蔓延，为疏散人群创造条件。

火灾报警控制器一般具有以下功能：

①接收显示各种报警信息，并对现场环境信号进行数据及曲线分析，确定火灾信息。

②总线故障报警功能，随时监测总线工作状态，保证系统可靠工作。

③可对系统内探测器进行开启、关闭及报警趋势状态检查操作，根据现场情况对探测器灵敏度进行调节，并进行漂移补偿。

④交、直流两用供电。交流掉电时，直流供电系统能自动导入，保证控制器连续运行。

⑤报警控制器可自动记录报警类别、报警时间及报警地址号，便于查核。报警控制器配有时钟及打印机，记录拷贝方便。

⑥可通过专用接口，实现远程联网通信。

⑦可显示各类图形，使确定火灾地点更直观。

⑧可通过总线接口，与楼宇自动控制系统集成联网。

⑨联动控制功能。

火灾报警控制器多设有联动装置，也称为火灾自动报警与联控系统。联动装置与消火栓系统、自动灭火系统的控制装置、防烟排烟系统的控制装置、防火门控制装置、报警装置，以及应急广播、疏散照明指示系统等相连。在火灾发生时，通过自动或值班人员手动发出指令，启动这些装置进行相应动作。

3. 火灾自动报警与联控系统的智能化

因其能够自动探测和进行系统联动，火灾自动报警与联控系统已经具有一定的"智能",系统在智能化建筑中可以独立运行,完成火灾信息的采集、处理、判断和确认并实施联动控制;还可通过网络实施远端报警及信息传递,通报火灾情况或向火警受理中心报警。这里所说的智能化主要是指对火灾探测系统(主要指火灾探测器)进行进一步的智能化改造,降低误报率,提高其报警的准确性。当前的主要手段就是将一个逻辑处理器(CPU)嵌入火灾报警器,成为"智能火灾探测器",使其能够自行对探测信号进行处理、判断,免去了主机处理大量现场信号的负担,成为分布式智能系统,使主机从容不迫地实现多种管理功能,从根本上提高系统的稳定性和可靠性。

从联网的角度看,火灾报警系统作为建筑自动化系统的一部分,在智能化建筑中,既可与安防系统、其他建筑的防火系统联网通信、向上级管理系统报警和传递信息,也可向远端城市消防中心、防灾管理中心实施远程报警和传递信息,成为城市信息网络的一部分,提升网络系统的整体智能性。

四、智能安防系统

(一)智能安防的基本功能和组成

1. 智能防范系统的基本功能

能够实现有效可靠的安全防范,是智能化建筑的主要特点之一。当前,安全防范系统的主要功能体现在外部侵入保护、区域保护和重点目标保护三个方面。

(1) 外部侵入保护

指无关人员从外部(如窗户、门、天窗和通风管道等)侵入建筑物时,报警系统立即启动发出警报信号,把罪犯排除在防卫区域之外。

(2) 区域保护

对建筑物内部某些重要区域进行保护,是安防系统提供的第二层保护,主要监视是否有人非法进入某些受限制的区域。在有人进入受限区域时,向控制中心发出报警信息,控制中心再根据情况做出相应处理。

(3) 重点目标保护

指对区域内的某些重点目标进行保护,这是安防系统提供的第三层保护,通常设置在特别重要的,需加强保卫的场所,如档案室、保险柜、重要文物保管室、控制室和计算中心机房等。

总之,智能安防系统最好在罪犯有侵入的意图和动作时便及时发出信号,以便尽快采取措施。当罪犯侵入防范区域时,保安人员应当通过安全防范系统了解他的活动;当罪犯犯罪时,安全防范系统的最后防线要马上起作用。如果所有的防范措施都失败,安全防范系统还应有事件发生前后的信息记录,以便帮助有关人员对犯罪经过进行分析。

2. 安全防范系统的基本组成

智能化建筑的安全防范系统通常有以下四个子系统。

(1) 出入口控制系统

出入口控制系统就是对建筑内外正常的出入通道进行管理。该系统可以控制人员的出入，还能控制人员在楼内及其相关区域的活动。

(2) 防盗报警系统

防盗报警系统是用探测装置对建筑内外重要地点和区域进行布防。它可以探测非法侵入，并且在探测到有非法侵入时，及时向有关人员示警。一旦有报警便记录入侵的时间、地点，同时向监视系统发出信号，录下现场情况。

(3) 闭路电视监控系统

在重要的场所安装摄像机，它为保安人员提供了利用眼睛直接监视建筑内外情况的手段，使保安人员在控制中心便可以监视整个建筑内外的情况。从而大大加强了保安的效果。监视系统除起到正常的监视作用外，在接到报警系统和出入口控制系统的示警信号后，还可以进行实时录像，录下报警时的现场情况，以供事后重放分析。

(4) 保安人员巡更系统

保安人员巡更系统是保安人员在规定的巡逻路线上，在指定的时间和地点向中央监控站发回信号以表示正常。如果在指定的时间内，信号没有发到中央控制站，或不按规定的次序出现信号，系统将认为异常。有巡更以后，如果巡逻人员出现问题，如被困或被杀，会很快被发现，从而增加了建筑的安全性。

这四个子系统，既可独立工作，也可通过计算机网络系统相互通信和协调，形成一个系统整体。

(二) 闭路电视监控系统

闭路电视监控系统的主要功能是辅助安全防范系统对建筑物内的现场实况进行监视。它使管理人员在控制室中能观察到建筑物内所有重要地点的情况，是安全防范系统中的一个重要组成部分。随着近年来计算机、多媒体技术的发展，在智能建筑领域中，模型矩阵控制系统将逐渐被多数字视频监控系统取代。

1. 闭路监控系统的组成与特点

闭路监控电视系统根据其使用环境、使用部门和系统的功能而具有不同的组成方式，无论系统规模的大小和功能的多少，一般监控电视系统由摄像、传输、控制、图像处理和显示四个部分组成。

（1）摄像部分

摄像部分的作用是把系统所监视的目标，即把被摄物体的光、声信号变成电信号，然后送入系统的传输分配部分进行传送。摄像部分的核心是电视摄像机，它是光电信号转换的主体设备，是整个系统的眼睛。摄像机的种类很多，不同的系统可根据不同的使用目的选择不同的摄像机以及镜头、滤色片等。

（2）传输部分

传输部分的作用是将摄像机输出的视频（有时包括音频）信号反馈到中心机房或其他监视点。控制中心控制信号同样通过传输部分送到现场，以控制现场的云台和摄像机工作。

传输方式有两种，即有线传输和无线传输。

近距离系统的传输一般采用以视频信号本身的所谓基带传输，有时也采用试制成载波传送。采用光缆为传输介质的系统为光通信方式传送。传输分配部分主要有：

①馈线。传输馈线有同轴电缆（以及多芯电缆）、平衡式电缆、光缆。

②视频电缆补偿器。在长距离传输中，对长距离传输造成的视频信号损耗进行补偿放大，以保证信号的长距离传输而不影响图像质量。

③视频放大器。主要用于系统的干线上，当传输距离较远时，对视频信号进行放大，以补偿传输过程中的信号衰减。具有双向传输功能的系统，必须采用双向放大器，这种双向放大器可同时对下行和上行信号给予补偿放大。

根据需要，视频（有时包括音频）信号和控制信号也可调制成微波，开路发送。

（3）控制部分

控制部分的作用是在中心机房通过有关设备对系统的现场设备（摄像机、云台、灯光、防护罩等）进行远距离遥控。控制部分的主要设备有：

①集中控制器。一般装在中心机房、调度室或某些监视点上。使用控制器再配合一些辅助设备，可以对摄像机工作状态，如电源的接通、关断、光圈大小、远距离、近距离（广角）变焦等进行遥控。对云台控制，输出交流电压至云台，以此驱动云台内电机转动，从而完成云台水平旋转、垂直俯仰旋转。

②微机控制器。它是一种较先进的多功能控制器，它采用微处理机技术，其稳定性和可靠性好。微机控制器与相应的解码器、云台控制器、视频切换器等设备配套使用，可以较方便地组成一级或二级控制，并留有功能扩展接口。

（4）图像处理与显示部分

图像处理是指对系统传输的图像信号进行切换、记录、重放、加工和复制等功能。显示部分则是使用监视器进行图像重放，有时还采用投影电视来显示其图像信号。图像处理和显示部分的主要设备有：

①视频切换器。它能对多路视频信号进行自动或手动切换，输出相应的视频信号，使一个监视器能监视多台摄像机信号。根据需要，在输出的视频信号上添加字符、时间等。

②监视器和录像机。监视器的作用是把送来的摄像机信号重现成图像。系统中一般需配备录像机，尤其在大型的安全防范系统中，录像系统还应具备以下功能：在进行监视的同时，可根据需要定时记录监视目标的图像或数据，以便存档；根据对视频信号的分析或在其他指令控制下，能自动启动录像机，如设有伴音系统时，应能同时启动。系统应设有时标装置，以便在录像带上打上相应时标，将事故情况或预先选定的情况准确无误地录制下来，以备分析处理。

2. 闭路监控系统的现场设备

在系统中，摄像机处于系统的最前端，它将被摄物体的光图像转变为电信号——视频信号，为系统提供信号源。因此，它是系统中最重要的设备之一。

（1）摄像机

摄像机的种类很多，从不同的角度可分为不同类型。按颜色划分：有彩色摄像机和黑白摄像机两种；按摄像器件的类型划分有电真空摄像器件（即摄像管）和固体摄像器件（如CCD，MO）两大类。电视监控系统中的摄像机通常选用CCD摄像器件。

从摄像机的性能指标来看，电视监控系统所使用的摄像机水平清晰度宜在1200线以上。摄像机的最低照度（或灵敏度）应达0.01lx。监控摄像机信噪比（图像信号与它的噪声信号之比，越高越好）应高于46dB。

摄像机可采用多种镜头。使用定焦距（固定）镜头者，通常用于监视固定场所。使用变焦距镜头者，用于光照度经常变化的场所，还可对所监视场所的视场角及目的物进行变焦距摄取图像，使用方便、灵活，适合远距离观察和摄取目标，主要用于监视移动物体。还有一种针孔镜头，主要用于电梯轿厢等处的隐蔽监视。

（2）云台和防护罩

云台分为手动云台和电动云台两种。手动云台又称为支架或半固定支架，一般由螺栓固定在支撑物上，摄像机方向的调节有一定的范围，调整方向时可松开方向调节螺栓进行，将调好后旋紧螺栓，摄像机的方向就固定下来。电动云台内多装两个电动机，一个负责水平方向的转动，另一个负责垂直方向的转动，承载摄像机进行水平和垂直两个方向的转动。

摄像机防护罩按其功能和使用环境可分为室内型防护罩、室外型防护罩、特殊型防护罩。室内型防护罩的要求比较简单，其主要功能是保护摄像机，能防尘，能通风，有防盗、防破坏功能。有时也考虑隐蔽作用，让人不易察觉。室外防护罩比室内防护罩要求高，其主要功能有防尘、防晒、防雨、防冻、防结露、防雪和通风。多配有温度继电器，在温度高时将自动打开风扇冷却，低时自动加热。下雨时可以控制雨刷器刷雨。

（3）解码器

解码器完成对上述摄像机镜头，全方位云台的总线控制。

当摄像机与控制台距离比较近时（一般不超过100m），可用直接控制方式来操作摄像机，这时用13芯电缆将动作指令传到摄像机处。当摄像机与控制台之间的距离超过100m时，则采用总线编码方式来操作摄像机，一个摄像机的电动云台和镜头配备一个解码器，主要是将控制器发出的串行数据控制代码转换成控制电压，从而能正确自如地操作摄像机的电动云台和镜头。目前，它适用于控制距离较远的、电动云台和变焦镜头较多的场合，常用上述方式。控制电缆已由13芯改为2芯。

3. 控制中心控制设备与监视设备

（1）视频信号分配器

视频信号分配器是将一路视频信号（或附加音频）分成多路信号，即它可以将一台摄像机送出的视频信号供给多台监视器或其他终端设备使用。

（2）视频切换器

为了使一个监视器能监视多台摄像机信号，需要采用视频切换器。切换器除了具有扩大监视范围，节省监视器的作用外，有时还可用来产生特技效果，如图像混合、分割画面、特技图案、叠加字幕等处理。

（3）视频矩阵主机

视频矩阵主机是电视监控系统中的核心设备，对系统内各设备的控制均是从这里发出和控制的，视频矩阵主机功能主要有：视频分配放大、视频切换、时间地址符号发生、专用电源等。有的视频矩阵主机，采用多媒体计算机作为主体控制设备。

在闭路监控系统中，视频矩阵切换主机的主要作用有：监视器能够任意显示多个摄像机摄取的图像信号；单个摄像机摄取的图像可同时送到多台监视器上显示；可通过主机发出的串行控制数据代码，去控制云台、摄像机镜头等现场设备。有的视频矩阵主机还设有报警输入接口，可以接收报警探测器发出的报警信号，并能通过报警输出接口去控制相关设备，可同时处理多路控制指令，供多个使用者同时使用系统。

智能建筑一般使用大规模矩阵切换主机，又称为可变容量矩阵切换主机。

这类矩阵切换主机的规模一般都较大，且充分考虑了其矩阵规模的可扩展性。在以后的使用中，用户根据不同时期的需要可随意扩展。常用的 128×32（128 路视频输入、32 路视频输出）、1024×64（1024 路视频输入、64 路视频输出）均属于大规模矩阵切换主机，系统扩展方便。

（4）多画面处理器

多画面处理器有单工、双工和全双工类型之分，全双工多画面处理器是常用的画面处理器。全双工型可以连接两台监视器和录像机，其中一台用于录像作业，另一台用于录像带回放。这样就同时具有录像和回放功能，等效于一机两用，适用于金融机构这类要求录像不能停止的重要场合。

画面处理器按输入的摄像机路由，并同时能在一台监视器上显示的特点，分为 4 画面处理器、9 画面处理器、16 画面处理器等。

（5）硬盘录像机

以视频矩阵、画面处理器、长时间录像机为代表的模拟闭路监控系统，采用录像带作为存储介质、以手动和自动相结合的方式实现现场监控。这种传统方法常有回放图像质量不能令人满意，远距离传输质量下降较大，搜索（检索）不易、不便操作管理、影像不能进行处理等缺陷。

硬盘录像机用计算机取代了原来模拟式闭路电视监视系统的视频矩阵主机、画面处理器、长时间录像机等设备。它把模拟的图像转化成数字信号，因此也称数字录像机。它以 MPEC 图像压缩技术实时储存于计算机硬盘中，检索图像方便快速，可连续录像几十天。

硬盘录像机通过串行通信接口连接现场解码器，可以对云台、摄像机镜头及防护罩进行远距离控制，还可存储报警信号前后的画面。计算机系统可以方便地自动识别每帧图像的差别，利用这一点可以实现自动报警功能。例如，在被监视的画面之中设立自动报警区域（如建筑物的某一区域、窗户、门等），当自动报警区域的画面发生变化时（如有人进入自动报警区域）数字监控录像机自动报警，拨通预先设置的电话号码，报警的时间将自动记录下来。报警区域的图像被自动保存到硬盘中。

（6）监视器

监视器是闭路监控系统的终端显示设备，用来重现被摄图像，最直观反映了系统质量的优劣。闭路监控系统常用 A＋级液晶屏，具有高亮度、高色域、高对比度，16.7M 色彩，低于 7ms 的显示响应时间。采用全金属机壳和 VESA 标准，使用寿命一般在 6 万小时以上。

4. 数字视频监控系统

数字视频监视系统是将拍摄到的图像信息转换成数字信息存储在计算机硬

盘中的系统，由摄像头和一台高配置的计算机组成，录像时间最长达半年之久，并具有定时录像、网上监控、防盗报警和微机兼用等辅助功能，使它成为传统视频监控系统的换代产品。数字视频监视系统由视频控制系统、监控管理器、数字记录系统及局域网组成，它还可以通过MODEN连入因特网，实现闭路监控的远程控制。

一般系统可设置1台系统主控制器和多至15台系统分控制器、240台摄像机和64台监视器。在系统主控制器不工作时，分控制器能按优先级别自动接替主控制器的系统通信管理工作，使系统继续正常工作，保证系统的可靠运行。现场编程功能可灵活设置系统工程的规模、各分控制器的控制操作范围、报警后联动动作等，使系统符合用户的要求。现场摄像机的云台控制具有自动线扫、面扫、定点寻位功能，为操作员快速寻找重点监视部位提供强有力的手段，并具有报警后自动开机和自动寻找预定监视部位的功能。

数字视频监控系统采用多媒体技术，还可以将CCD摄像机作为报警探头。摄像机将获取的视频信号传输到主机，主机里中高速图像处理器将对视频信号进行数字化处理，并对视频信号形成的图像与背景图像进行分析比较。若监视区域有移动目标时，图像信号就会发生变化，这种变化超过一定标准时主机就会自动报警；同时，主机自动采集报警图像并存入计算机，事后可根据时间、地点随时查阅报警现场的图像，以了解报警原因。这样，闭路监控系统就与报警合二为一，实现了监视、报警与图像记录的同步进行，且这种系统把所有报警记录都储存在计算机硬盘中，屏幕上的软件对所有操作都有提示，使用十分方便。

（三）防盗报警系统

防盗报警系统通常由探测器、信号传输通道和控制器组成。最基本的防盗报警系统则由设置在现场警戒范围的入侵探测器与报警控制器组成。

1. 入侵探测器

入侵探测器是由传感器和信号处理器组成的，用来探测入侵者入侵行为的机电装置。入侵报警探测器需要防范入侵的地方可以是某些特定部位，如门、窗、柜台、展览厅的展柜；或是条线，如边防线、警戒线、边界线；有时要求防范某个面，如仓库、重要建筑物的周界围网（铁丝网或围墙）；有时又要求防范的是个空间，如档案室、资料室、武器室、珍贵物品的展厅等，它不允许入侵者进入其空间的任何地方。因此，入侵探测器可分为点型入侵探测器、直线型入侵探测器、面型入侵探测器和空间型入侵探测器。

①点型入侵探测器警戒的仅是某一点，如门窗、柜台、保险柜。当这一监控点出现危险情况时，即发出报警信号，通常由微动开关方式或磁控开关方式

报警控制。

②线型入侵探测器警戒的是一条线。当这条警戒线上出现危险情况时，发出报警信号。例如，光电报警器或激光报警器，先由光源或激光器发出一束光或激光，被接收器接收，当光和激光被遮断，报警器即发出报警信号。

③面型入侵探测器警戒范围为一个面。当警戒面上出现危害时，立即发出报警信号，如震动报警器装在一面墙上；当墙面上任何一点受到震动时，也会立即发出报警信号。

④空间型入侵探测器警戒的范围是一个空间的任意处出现入侵危害时，立即发出报警信号。例如，在微波多普勒报警器所警戒的空间内，入侵者从门窗、天花板或地板的任何一处进入都会产生报警信号。

入侵探测器应有防拆、防破坏等保护功能。当入侵者企图拆开外壳或信号传输线断路、短路或接其他负载时，探测器能自动报警。还应有较强的抗干扰能力。在探测范围内，任何小动物或长150mm，直径为30mm具有与小动物类似的红外辐射特性的圆筒大小物体都不应使探测器产生报警；在建筑环境内常见的声、光、气流、电火花等干扰下，不会产生误报。

入侵探测器通常由传感器和前置信号处理电路两部分组成。根据不同的防范场所，选用不同的信号传感器，如气压、温度、振动、幅度传感器等，来探测和预报各种危险情况。传感器产生的电信号，经前置信号处理电路处理后变成信道中传输的电信号（探测电信号），通过通信网络，传送到报警控制器。

目前，常用的入侵探测器有以下几种：

①门磁开关。安装在单元的大门、阳台门和窗户上。当有人破坏单元的大门或窗户时，门磁开关立即将这些动作信号传输给报警控制器进行报警。

②玻璃破碎探测器。主要用于周边防护，安装在单元窗户和玻璃门附近的墙上或天花板上。当窗户或阳台门的玻璃被打破时，玻璃破碎探测器探测到玻璃破碎的声音后立即将探测到的信号传给报警控制器进行报警。

③红外探测器和红外/微波双鉴器。用于区域防护，通常安装在重要的房间和主要通道的墙上或天花板上。当有人非法侵入后，红外探测器通过探测到人体的温度来确定有人非法侵入，红外/微波双鉴器探测到人体的温度和移动来确定有人非法侵入，并将探测到的信号传输给报警控制器进行报警。管理人员也可通过程序来设定红外探测器和红外/微波双鉴器的等级和灵敏度。

④震动电磁传感器。用于目标防护，能探测出物体的震动，将其固定在地面或保险柜上，就能探测出入侵者走动或撬保险柜的动作，也可通过紧急呼救按钮和脚跳开关实现人工报警。这些开关或按钮，主要安装在人员流动比较多的位置，以便在遇到意外情况时可按下按钮/踩动开关向保安部门进行呼救

报警。

2. 信号传输通道

信号传输信道种类极多，通常分有线信道和无线信道。有线信道常用双绞线、电力线、电话线、电缆或光缆传输探测电信号，可以利用综合布线；而无线信道则是将控测电信号调制到规定的无线电频段上，用无线电波传输探测电信号（这种方式多在特殊情况下使用）。

3. 报警控制器

指示灯光报警蜂鸣器声报警外接警号声光报警联动外部设备联网报警输出控制器通常由信号处理器和报警装置组成。由有线或无线信道送来的探测电信号经信号处理器做深入处理，以判断"有"或"无"危险信号，若有危险，控制器就控制报警装置，发出声光报警信号，提示值班人员采取相应的措施，或直接向公安、保卫部门发出报警信号。

报警控制器有两种，即集中报警控制器（即报警控制管理中心）和区域报警控制器。集中报警控制器通常设置在安保人员工作的地方，与计算机网络相连，可随时监控各子系统的工作状态；区域控制器则通常安装在各单元大门内附近的墙上，以便管理人员在出入单元时进行设防（包括全布防和半布防）和撤防的设置。

第四节　建筑通信网络系统

一、数据通信系统

数据通信就是以传输数据为业务的一种通信，有单工、半双工和全双工 3 种工作方式。计算机的输入输出都是数据信号，因此，数据通信是计算机和通信相结合的产物，是计算机与计算机、计算机与终端以及终端与终端之间的通信。数据通信必须按照某种协议，连接信息处理装置和数据传输装置，才能进行数据的传输及处理。

（一）数据传输方式

1. 并行传输和串行传输

并行传输是在传输中有多个数据位同时在设备之间进行的传输。一个编了码的字符通常是由若干位二进制数表示，如用 ASCⅡ 码编码的符号是由 8 位二进制数表示的，则并行传输 ASCⅡ 编码符号就需要 8 个传输信道，使表示一个符号的所有数据位能同时沿着各自的信道并排的传输。

串行传输是数据在传输中只有一个数据位在设备之间进行的传输。对任何一个由若干位二进制表示的字符，串行传输都是用一个传输信道，按位有序的对字符进行传输。串行传输的速度比并行传输的速度要慢得多，但费用低。并行传输适用距离短，而串行传输适用远距离传输。

以标准并行口（Standard Parallel Port）和串行口（COM 口）为例，并行接口有 8 根数据线，数据传输率高；而串行接口只有 1 根数据线，数据传输速度低。在串行口传送 1 位的时间内，并行口可传送一个字节；当并行口完成 8 个字母的单词传送时，串行口中就仅传送了一个字母。

2. 同步传输和异步传输

串行传输又有两种传输方式，即同步传输和异步传输。

异步传输一般以字符为单位，不论所采用的字符代码长度为多少位，在发送每一字符代码时，前面均加上一个"起"信号，其长度规定为 1 个码元，极性为"0"，即空号的极性；字符代码后面均加上一个"止"信号，其长度为 1 或 2 个码元，极性皆为"1"，即与信号极性相同，加上起、止信号的作用就是为了能区分串行传输的"字符"，也就是实现串行传输收、发双方码组或字符的同步。这种传输方式的特点是同步实现简单，收发双方的时钟信号不需要严格同步。缺点是对每一字符都需加入"起、止"码元，使传输效率降低，故适用于 1200 bit/s 以下的低速数据传输。

同步传输是以同步的时钟节拍来发送数据信号的，因此在一个串行的数据流中，各信号码元之间的相对位置都是固定的（即同步的）。接收端为了从收到的数据流中正确区分出一个个信号码元，首先必须建立准确的时钟信号。数据的发送一般以组（或称帧）为单位，一组数据包含多个字符收发之间的码组或帧同步，是通过传输特定的传输控制字符或同步序列来完成的，传输效率较高。

在面向字符方式中，数据被当作字符（8 位）序列，所有控制信息取字符形式。

每帧以一个或多个同步字符开始。同步字符常记作 SYN，其 8 位编码为 00010110，SYN 告知接收装置是一个数据块的开始。在有些方案中，具有特定的字符作后定界符。接收装置一接收到 SYN 字符，就得知已发送了数据块，而开始接收数据，直到接收到后同步字符，一帧数据就告结束。之后，接收装置又开始寻找新的 SYN 控制字符。

3. 基带传输和频带传输

由计算机或终端产生的频谱从零开始，而未经调制的数字信号所占用的频率范围称为基本频带（这个频带从直流起可高到数百千赫，甚至若干兆赫），简称基带。这种数字信号就称基带信号。传送数据时，以原封不动的形式，把基带信号送入线路，称为基带传输。

用基带脉冲对载波波形的某些参量进行控制，使这些参量随基带脉冲变化，也就是调制。经过调制的信号称为已调信号。已调信号通过线路传输到接收端，然后经过解调恢复为原始基带脉冲。传送数据时，把已调信号送入线路。

（二）数据通信系统的质量指标

数据通信的指标是围绕传输的有效性和可靠性来制定的。这些主要质量指标有以下几方面。

1. 工作速率

（1）符号速率

符号速率又称为信号速率，记为 N，表示单位时间内（每秒）信道上实际传输的符号个数或脉冲个数（可以是多进制）。符号速率的单位是波特，即每秒的符号个数。

（2）信息传输速率

信息传输速率简称传信率，通常记为 R。它表示单位时间内系统传输（或信源发出）的信息量，即二进制码元数。在二进制通信系统中，信息传输速率及（比特/秒）等于信号速率。对于多进制两者不相等。例如，四进制中符号速率为 2400byte，其信息速率为 4800bit/s；而八进制的信息速率为 7200bit/s 等。它们的关系为式中 m 为符号的进制数。

2. 频带利用率

在比较不同通信系统的效率时，单看它们的信息传输速率是不够的，或者说，即使两个系统的信息速率相同，它们的效率也可能不同，所以还要看传输这样的信息所占的频带。通信系统占用的频带越宽，传输信息的能力应该越大。在通常情况下，可以认为二者成比例，用单位频带内的符号速率描述系统的传输效率，即每赫的波特数：η＝符号速率。

3. 可靠性

可靠性可用差错率来表示。常用的差错率指标有平均误码率、平均误字率、平均误码组率等。

误码（码组、字符）。它是接收出现差错的比特（字符、码组）数。差错率是一个统计平均值，因此，在测试或统计时，总的发送比特（字符、码组）数应达到一定的数量，否则得出的结果将失去意义。

（三）数据交换

数据交换指在多个数据终端设备（DTE）之间，为任意两个终端设备建立数据通信临时互连通路的过程。

数据交换主要可分为线路交换、报文交换和分组交换三种方式。

1. 线路交换

线路交换又称为电路交换。其原理与电话交换原理基本相同，即通过网络中的节点在两个站之间建立一条专用的通信线路。这种线路交换系统，在两个站之间有一个实际的物理连接，这种连接是节点之间的连接序列。在传输任何数据之间都必须建立点到点的线路。如站点1发送一个请求到节点2，请求与站点2建立一个连接，则站点1到节点1是一条专用线路。在交换机上分配一个专用的通道连接到节点2再到站点2的通信，就建立了一条从站点1经过节点2再到站点2的通信物理通道。这样就可以将话音从站点1传送到站点2了。这种连接通常是全双工的，可以在两个方向传输话音（数据）。在数据传送完成后，要对建立的通道进行拆除，以便释放专用资源。

线路交换的缺点是线路的利用率低，在双方通信过程中的空闲时间里，线路不能得到充分利用。

2. 报文交换

报文交换的原理是当发送方的信息到达报文交换用的计算机时，先存放在外存储器中，待中央处理机分析报头，确定转发路由，并选到与此路由相应的输出电路上进行排队，等待输出，一旦电路空闲，立即将报文从外存储器取出后发出，这就提高了该条电路的利用率。

这种交换方式不需要在两个站点之间建立一条专用通路，如果一个站想要向站点2发送一个报文（信息的一个逻辑单位），它把站点2的地址（编码方式，称为地址码）附加在要发送的报文上。然后把报文通过网络从节点到节点进行发送，在每个节点中（如要通过多个节点才能发送到站点2）完整地接收整个报文且暂存这个报文，然后再发送到下一个节点。在交换网中，每个节点是一个电子或机电结合的交换设备（通常是一台通用的小型计算机），它具有足够的存储容量来缓存进入的报文。一个报文在每个节点的延迟时间等于接收报文的所有位所需要的时间，加上等待时间和重传到下一节点所需要的排队延时时间。

报文交换提高了电路的利用率，但报文经存储转发后会产生时延。

3. 分组交换

分组交换也是一种存储转发交换方式，与报文交换的区别是：分组交换网中要限制传输的数据单位长度，一般在报文交换系统中可传送的报文数据位数可做得很长。分组交换是把报文划分为一定长度的"分组"，以分组为单位进行存储转发。分组就是将要发送的报文分成长度固定的格式进行存储转发的数据单元,长度固定有利于通信节点的处理。从而使其具备了报文交换方式提高电路利用率的优点,同时克服了时延大的缺点。

(四)信道

信道是指由有线或无线电线路提供的信号通道。信道的作用是传输信号,它提供一段频带让信号通过。

1. 狭义信道

通常将仅指信号传输媒介的信道称为狭义信道。目前采用的接在发端设备和收端设备中间的传输媒介,即狭义通道有架空明线、电缆、光导纤维(光缆)、中长波地表波传播、超短波及微波视距传播(含卫星中继)、短波电离层反射、超短波流星余迹散射、对流层散射、电离层散射、超短波超视距绕射、波导传播、先波视距传播等。

狭义信道通常按具体媒介的不同类型可分为有线信道和无线信道。

(1)有线信道

有线信道是指传输媒介为明线、对称电缆、同轴电缆、光缆及波导等一类能够看得见的媒介。有线信道是现代通信网中最常用的信道之一,如对称电缆(又称电话电缆)广泛应用于(市内)近程传输。

(2)无线信道

无线信道的传输媒质比较多,它包括短波电离层反射、对流层散射等。可以这样认为,凡不属有线信道的媒质均为无线信道的媒质。无线信道的传输特性没有有线信道的传输特性稳定和可靠,但无线信道具有方便、灵活、通信者可移动等优点。

2. 广义信道

广义信道则除包括传输媒介外,还可包括有关的转换器,如馈线、天线、调制器、解调器等。在讨论通信的一般原理时,常指广义信道。

广义信道分成调制信道和编码信道。

(1)调制信道

调制信道是从研究调制与解调的基本问题出发而构成的,它的范围是从调制器输出端到解调器输入端,从调制和解调的角度来看,一般只关心调制器输出的信号形式和解调器输入信号与噪声的最终特性,并不关心信号的中间变化过程。因此,定义调制信道便于研究信号的调制与解调问题。

(2)编码信道

在数字通信系统中,如果仅着眼于编码和译码问题,则可得到另一种广义信道——编码信道。这是因为,从编码和译码的角度看,编码器的输出仍是某一数字序列,而译码器输入同样也是一数字序列,它们在一般情况下是相同的数字序列。因此,从编码器输出端到译码器输入端的所有转换器及传输媒质可用一个完成数字序列变换的方框加以概括,此方框称为编码信道。

(五) 数字数据网 (DDN)

数字数据网 (Digital Data Network, DDN) 是为用户提供专用的中高速数字数据传信道,以便用户用它来组织自己的计算机通信网。当然,也可用它来传输压缩的数字话音或传真信号。数字数据电路包括用户线路在内,主要是由数字传输方式进行的,它有别于模拟线路,也就是频分制 (FDM) 方式的多路载波电话电路。传统的模拟话路一般只能提供 2400~9600bit/s 的速率,最高能达 14.4~28.8Kbit/s 的速率。而数字数据电路一个话路可为 64Kbit/s,如果将多个话路集合在一起可达 n×64Kbit/s,因此,数字数据网就是为用户提供点对点、点对多点的中、高速电路,其速率有 2.4、4.8、9.6、19.2、64, n×64Kbit/s 以及 2Mbit/s。数字数据网的基础是数字传输网,它必须以光缆、数字微波、数字卫星电路为基础,才能建立起数字传输网。

数字数据网主要由以下四部分组成。

1. 本地传输系统

从终端用户至数字数据网的本地局之间的传输系统,即用户线路,一般采用普通的市话用户线,也可使用电话线上复用的数据设备 (DOV)。

2. 交叉连接和复用系统

复用是将低于 64Kbit/s 的多个用户的数据流按时分复用的原理复合成 64Kbit/s 的集合数据信号,通常称为零次群信号 (DSO),然后再将多个 DSO 信号按数字通信系统的体系结构进一步复用成一次群即 2.048Mbit/s 或更高次信号。交叉连接是将符号一定格式的用户数据信号与零次群复用器的输入或者将一个复用器的输出与另一复用器的输入交叉连接起来,实现半永久性的固定连接,如何交叉由网管中心的操作员实施。

3. 局间传输及同步时钟系统

局间传输大多数采用已有的数字信道来实现。在一个 DDN 网内各节点必须保持时钟同步极为重要。通常采用数字通信网的全网同步时钟系统,例如,采用铯原子钟,其精度可达 30 万~600 万年不差 1s,下接若干个铷钟,其精度应与母钟一致;也可采用多用多卫星覆盖的全球定位系统 (GPS) 来实施。

4. 网络管理系统

网络管理中心,对管理区域内的传输通道,用户参数的增删改、监测、维护与调度实行集中管理。

DDN 作为计算机数据通信联网传输的基础,提供点对点、一点对多点的大容量信息传送通道。如利用全国 DDN 网组成的海关、外贸系统网络。各省的海关、外贸中心首先通过省级 DDN 网，出长途中继，到达国家 DDN 网骨干核心节点。由国家网管中心按照各地所需通达的目的地分配路由，建立一个灵活的全国性海关外贸数据信息传输网络。并可通过国际出口局，与海外公司互通信息，足不出户就可进行外贸交易。此外，通过 DDN 线路进行局域网互联的应用也较广泛。一些海外公司设立在全国各地的办事处在本地先组成内部局域网络，通过路由器、网络设备等经本地、长途 DDN 与公司总部的局域网相连，实现资源共享和文件传送、事务处理等业务。

DDN 促进了 EDI 的普及。EDI 是英文 Electronic Data Interchange 的缩写，中文可译为"电子数据互换"，港澳称作"电子资料联通"。它是一种在公司之间传输订单、发票等作业文件的电子化手段。它通过计算机通信网络将贸易、运输、保险、银行和海关等行业信息，用一种国际公认的标准格式，实现各有关部门或公司与企业之间的数据交换与处理，并完成以贸易为中心的全部过程，它是 20 世纪 80 年代发展起来的电子化贸易工具，是计算机、通信和现代管理技术相结合的产物。国际标准化组织（ISO）将 EDI 描述成"将贸易（商业）或行政事务处理按照一个公认的标准变成结构化的事务处理或信息数据格式，从计算机到计算机的电子传输"。而 ITU－T（原 CCITT）将 EDI 定义为"从计算机到计算机之间的结构化的事务数据互换"。又由于使用 EDI 可以减少甚至消除贸易过程中的纸面文件，因此 EDI 又被人们通俗地称为"无纸贸易"。

二、楼宇会议电视和可视电话系统

楼宇会议电视传递活动图像，而可视电话则属于静止图像通信系统。这两种系统通过具有视频压缩功能的设备向使用者显示近处或远处的图像，并进行通话。

（一）会议电视

会议电视是利用电视召开会议的一种通信方式。会议电视系统由会议电视的终端设备、传输设备以及传输信道组成。目前，会议电视的传送信道是利用现有的数字微波、数字光纤、卫星等数字通信信道。通过基本配置把不同地点的会议电视终端经数字信道对接，就可以召开点对点的电视会议，如果要在多个不同地点同时召开电视会议，就得建立多点会议电视网。

（二）可视电话机

可视电话机是介于电话和彩色数字电视电话之间的图像通信产品，是一个简易的计算机，有 1 个摄像头和 1 个显示器，其工作过程与计算机上网过程类似：首先把摄像头拍摄的数码照片打包，然后用现有的一路模拟话路在正常通话的间隙，在几秒钟内向对方传送 1 幅一定质量的黑白或彩色图像，另一部电话那边接收、解压、播放。

动态图像的可视电话占用的频带宽，需要在数字信道、数字交换系统上同时传输，需要采用频带压缩技术，如差分脉冲编码调制（DPCM）、离散余弦变换（DCT）、运动补偿等。

三、楼宇卫星通信系统

卫星通信系统是智能楼宇通信网的一个组成部分，为智能楼宇提供与外部通信的一条链路，使楼宇的通信系统更为完善、全面，为跨区域通信奠定基础。以小型卫星通信系统（VSAT）为例，该系统由卫星、枢纽站和小地球站组成。卫星通信实际上是微波中继技术与空间技术的结合，它把微波中继站设在卫星上（称为转发器），终端站设在地球上（称为地球站），形成中继距离（地球站至卫星）长达几千千米乃至几万千米的传输线路。

（一）楼宇数字卫星通信系统

智能楼宇中适用的多为 VSAT（Veiy Small Aperture Terminal）卫星通信系统，这类系统均为全数字系统。其构成主要环节有编码、多路复用、调制、解调、多路分离、解码等。

利用数字卫星通信系统传送语言、图像等模拟信号必须先进行 A/D 转换，变成数字信号，该信号与其他需要传送的数字信号，如数据信号一起通过时分多路复用，处理成数字基带信号，调制后经由卫星线路传输，在接收端经解调后恢复成数字基带信号，经多路分离出单路数字信号，需转换成模拟信号的数字信号再经过 D/A 转换恢复成模拟信号。

在 VSAT 系统中，语音信号的编码主要有连续可变斜率增量调制和自适应差分脉宽调制两种方式，以及相应的时分多路复用。连续可变斜率增量调制方式（CVSL）是在每个音节时间范围内提取信号的平均斜率，使量阶自动地随平均斜率的大小而连续变化（是指声音大小的变化不会出现突变）。

VSAT 系统传输数据时，一般是非实时性的，而是利用空隙时间间断性地进行。数据传输主要是指人与计算机，或计算机之间进行的通信。数据传输是靠机器识别接收到的数据，在传输过程中由于干扰等原因所造成的差错不能靠人工进行识别和校正，因此，对其传输的准确性和可靠性要求更高。数据传输的代码按时空顺序分类，可分为串行传输和并行传输。

并行传输需占用多条通道同时传输的各个比特，虽然传输速度快，但由于占用通道过多而很少用。串行传输则是把组成一个字符的第 1 位到第 n 位代码按时序依次在一个通道中传输，又分为局部同步传输和连续同步传输两种方式，二者的区别主要是前者是每个字符前后附加起止码和终止码后单独进行传输，适于断续传输；后者是一块数据（指包含有多个字符的数据块）前后加上起止和终止标志进行传输，是一种效率较高，适于高速传输的方法。

（二）卫星通信的多址方式

卫星通信不同于其他无线电信形式的主要特点在于其覆盖面积大，非常适用于多个站之间的同时通信，即多址通信。卫星天线波束覆盖区任何地球站可以通过共同的卫星进行双边或多边通信连接。多址连接有频分多址、时分多址、码分多址和空分多址四种方式，分别是指依照频率、时间、编码和空间的不同，实现信道的占用。在多址方式中，涉及的信道分配方法则有预分配和按需分配的信道。预分配是一种固定分配方式，而按需分配则是根据各地球站的申请临时安排的按需分配的信道。实现多址连接的技术基础是信号分割，即在发送端对信号进行处理，使各发送端所发射的信号各有差异，而各接收端则具备相应的信号识别能力，可以混合在一起的信号中选取出各自所需的信号。

（三）VSAT卫星通信系统

VSAT是一种具有小口径天线的智能化地球站，天线的口径为1m左右，可以很容易地安装在楼顶上。计算机技术与通信技术的紧密结合，使得VSAT具有很高的智能化程度和很强的信号处理能力，同时还具有对各种通信业务的自适应能力，以及对系统工作参数和工作状态的检测监控能力。

VSAT的设备要较一般地球站简单得多，体积小、质量轻、造价低、易于普及。建站周期短，可迅速安装并开通通信业务。模块化结构使用户的使用非常简捷方便，可直接与各种用户中端（传真机、电话、计算机等）进行接口，并且容易实现功能的转变和扩展。

1. VSAT系统构成

完整的VSAT系统（即VSAT卫星通信网）由通信卫星、中枢站以及大量VSAT站构成。

中枢站与一般地球站规模大致相同，为实现对整个VSAT网的监管，中枢站比一般地球站多一个网络管理中心。中枢站通常与金融、商业、新闻等信息中心、指挥调度中心以及大型数据库连接在一起，中枢站的设备配置与技术指标是高标准，以有利于VSAT站设备的简化，造价的降低，使大量VSAT站成本占主要份额的系统总成本下降，性能价格比提高。VSAT站在VSAT系统中的数量由几百个到几千个不等。单个VSAT站由三部分组成，即小型天线、室外单元（ODU）和室内单元（IDU）。

2. VSAT系统工作原理

VSAT系统分为三类：以数据传输为主的星状网；以语音传输为主的网状

网；点到点的固定信道。星状网最为广泛，由VSAT站与中枢站通过卫星连成。其中枢站的发射功率高，接收信道品质因数大；VSAT站的发射功率低，接收信道品质因数小。因此，VSAT站可通过卫星与中枢站通信，而VSAT站之间则不能通过卫星进行通信，只能通过"双跳"方式，即"VSAT站→卫星→中枢站→卫星→VSAT站"实现互通。VSAT站通过卫星传送信号到中枢站称为入中枢站传输，中枢站通过卫星传送信号到VSAT站，称为出中枢站传输。入中枢站传输采用随机连接/时分多址方式（RA/TDMA）（时分多址指不同时间的通信占用不同的信道），出中枢站传输采用时分复用方式（TMD）。各VSAT站的数据分组以随机方式发送，经卫星延时后由中枢站接收，中枢站将收到的数据分组进行处理：如果无措，则通过TMD信道发出应答信号；如果出错，则中枢站不发出应答信号。VSAT站收不到应答信号就需进行数据的重发。

3. VSAT系统的功能趋向多样化

VSAT发展的方向是在网内建立多个虚拟子网，或将多个小型的网络合并成为一个大型的综合VSAT通信网。各个虚拟子网可以属于不同业务或行政部门。数据音频视频广播、计算机的卫星宽带交互接入，电视会议等业务不断推动着VSAT的宽带化。宽带数据广播、宽带多址接入、卫星通信规程、宽带虚拟子网、网络综合管理，是发展VSAT宽带化的关键技术。

四、基于物联网的楼宇安防系统

（一）物联网概念

物联网顾名思义，就是物物相连的互联网。它不仅仅局限于互联网或物体个体之间的联系，而是通过利用传感器、控制器等感知设备与互联网用新的方式联系在一起，进行数据交换，实现信息化，远程管理控制和智能化的网络，其主要解决物品与物品、人与物品、人与人之间的关系。

（二）物联网实现途径

物联网的体系结构能够兼容各种开放协议，可分为感知层、网络层、应用层三层结构。

感知层主要是对外界信息的智能感知，包括物体识别及信息采集，通过RFID、各类传感器、各种摄像头以及GPS定位系统采集末端信息，并通过局域网将数据集中到楼宇的主干网上，形成一个集楼宇信息于一体终端数据中心，楼宇监管单位可实时监控楼宇运行情况；网络层主要是实现信息的转发和传送，它通过楼宇卫星通信将楼宇信息传至远端；应用层直接面向应用，针对物联网涉及的行业具体要求，实现目标的智能化管理，即通过大数据和云计算就能对设备进行一定功能的控制,中间跳过了人为参与的环节,提高了工作效率和精确程度,实现了物的自我控制能力。

(三)物联网在楼宇安防系统中的应用

基于楼宇智能建筑的物联网安防系统包含众多物联子系统,例如,楼宇门禁子系统、消防安全子系统和视频智能监控子系统等。子系统目前采用有线和无线兼用的方式,但未来的发展方向趋向于采用无线连接方式,将信息最终交换与控制中心。楼层间的网络交换系统则通过物联网连接成一个整体节点,并将信息反馈到管理服务器系统中,经过计算机控制实现物的自我控制,并在监视屏中显示。同时,信息通过网络层可实现远传,政府部门甚至用户自己可对楼宇信息进行异地监控。

1. 楼宇门禁子系统

楼宇门禁系统可采用可视门禁系统,具有语音、图像识别功能,在使用前可对合法用户的指纹、语音、相貌等特征进行采集,经过算法设计、系统优化等工作,提高系统的可用性。同时楼宇内部的人也可通过电子密码卡进入楼宇,并对出入的信息进行采集,以便校对,当然也要将门禁节点的信息反馈给监控中心。

2. 消防安全子系统

消防安全系统中,传感器是最关键的一个零组件。通常用于防火安全的传感器都是红外传感器、可燃气体探测器以及烟雾探测器。这些传感器是消防安全系统的"耳目",负责监控家庭中所有的危险迹象。一旦检测到潜在危险,传感器被触发,它会提醒报警器报警,同时将报警信息通过网络发送到消防部门,降低危险发生造成的严重后果及财产损失。

3. 视频智能监控子系统

视频监控不能只停留在人工监视的水平上,并能够实现视频智能监控,即当夜晚监视人员要休息时,可调整为智能监控,如果夜晚有生命体进入监控范围,则会报警监视人员,这将大大减少人力资源的浪费。

(四)以太网

以太网是现有局域网采用的最通用的通信协议标准,组建于20世纪70年代早期。最初的Ethernet(以太网)是一种传输速率为10 Mbps的常用局域网(LAN)标准。在以太网中,所有计算机被连接在一条电缆上,采用具有冲突检测的载波监听多路访问方法,采用竞争机制和总线拓扑结构。以太网一般由共享传输媒体(如双绞线电缆)和多端口集线器、网桥或交换机构成。在星形或总线型配置结构中,集线器/交换机/网桥通过电缆使得计算机、打印机和工作站彼此之间相互连接。

1. 以太网具有的一般特征概述
(1) 共享媒体
所有网络设备依次使用同一通信媒体。
(2) 广播域
需要传输的帧被发送到所有节点，但只有寻址到的节点才会接收到帧。
(3) CSMA/CD
以太网中利用载波监听多路访问/冲突检测方法（Carrier Sense Multiple Ac－cess/Collision Detection）以防止多个节点同时发送。
(4) MAC 地址
媒体访问控制层的所有 Ethernet 网络接口卡（NIC）都采用 48bit 网络地址。这种地址全球唯一。

2. Ethernet 网络基本组成
(1) 共享媒体和电缆
主要使用多模光纤，单模光纤和双绞线。
(2) 转发器或集线器
集线器或转发器是用来接收网络设备上的大量以太网连接的一类设备。通过某个连接的接收双方获得的数据被重新使用并发送到传输双方中所有连接设备上，以获得传输型设备。
(3) 网桥
网桥属于第 2 层设备，负责将网络划分为独立的冲突域获分段，达到能在同一个域/分段中维持广播及共享的目标。网桥中包括一份涵盖所有分段和转发帧的表格，以确保分段内及其周围的通信行为正常进行。
(4) 交换机
交换机，与网桥相同，也属于第 2 层设备，且是一种多端口设备。交换机所支持的功能类似于网桥，但它比网桥更具有的优势，可以临时将任意两个端口连接在一起。交换机包括一个交换矩阵，通过它可以迅速地连接端口或解除端口连接。与集线器不同，交换机只转发从一个端口到其他连接目标节点，且不包含广播的端口的帧。

3. CSMA/CD 基本工作过程
发送和接收介质访问管理模块的主要功能是实现带冲突检测载波监听多路访问和介质访问协议。CSMA/CD 是一种随机争用介质方式，用以解决哪一个节点能把信息正确地发送到介质上的问题。由于介质是所有节点共享的，而每一节点的发送又都是随机的，有可能两个节点（或两个以上节点）同时往介质上发送信息，就会发生冲突，以致接收节点无法接收到正确的信息。

发送时，按下列五个步骤进行。

①传输前侦听。各工作站不断地监视电缆段上的载波。"载波"是指电缆上的信号，通常由表明电缆正在使用的电压来识别。如果工作站没有侦听到载波，则它认为电缆空闲并开始传输。如果在工作站传输时电缆忙（载波升起），则其将与已在电缆上的信息发生冲突。

②如果电缆忙则等待。为了避免冲突，如果工作站侦听到电缆忙则等待。

③传输并检测冲突。当介质被清（载波消失）后 9.6jjls，工作站可以传输。数据向电缆系统的两个方向传输。如果同一段上的其他工作站同时传输数据，数据包在电缆上将产生冲突。冲突由电缆上的信息来识别，当电缆上的信号大于或等于由两个及其以上的收发器同时传输所产生的信号时，则认为冲突产生。在电缆上发生冲突的数据包就成为废数据片。同时，发生冲突的工作站"广播"，向公共电缆传输一条"干扰"信号，使在电缆上的工作站能够感知到冲突。

④如果冲突发生，重传前等待。如果工作站在冲突后立即重传，则它第二次传输也将产生冲突。因此，工作站在重传前必须随机地等待一段时间，这种方式称为"退避算法"。

⑤重传或夭折。若工作站是在繁忙的电缆段上，即使不产生冲突，也可能不能进行传输。工作站在它必须夭折传输前最多可以有 16 次的传输。若工作站重传并且没有表明数据包再次产生冲突，则认为传输成功。接收时，在电缆段上活动的工作站依据下列步骤：

a. 浏览收到的数据包并且校验是否成为碎片。在 Ethernet 局域网上，电缆段上的所有工作站将浏览中电缆上传输的每一个包，并不考虑其地址是否是本地工作站。接收站检查数据包来保证它有合适的长度，而不是由冲突引起的碎片，包长度最小为 64bit。

b. 检验目标地址。接收站在判明已不是碎片之后，下一步是校验包的目标地址，看它是否要在本地处理。如果它的地址是本地工作站地址，或是"广播地址"，或是被认可的多站地址，工作站将校验包的完整性。

c. 如果目标是本地工作站，则校验数据包的完整性和正确性，主要是校验数据帧的长度、内容，如果完全正确，则接收数据包。

第三章 智能建筑电气控制系统设计

第一节 智能建筑中电气控制应用技术

一、计算机控制技术

(一) 计算机控制基本原理

要明确自动控制的概念，它是无人控制，通过控制器进行预设，使机器按照设定好的程序运行。如果想要完成这些任务，就必须明确控制系统的控制算法以及重要机构。根据测量元件、执行机构的不同组合和不同信息的处理方式，可以把自动控制系统分为两种模式，即开环控制系统和闭环控制系统。闭环控制系统也被称为反馈控制系统。对于建筑自动化，由于开环系统控制精度和性能方面均不如闭环控制系统，所以不经常使用。闭环系统的原理可以概括为以下内容：测量元件测量被控对象，得到的信息反馈给控制器；控制器将反馈得到的信号与定值进行比较；一旦出现偏差，控制器就驱动执行机构开始工作，直到达到预设标准。

把计算机引入控制系统，充分利用它的运算、逻辑及记忆功能，运用计算机指令系统，编出符合某种控制规律的程序。这样的程序通过计算机执行，那么被控参数的调节就得以实现。计算机控制系统是通过把微型计算机嵌入自动控制系统，以实现控制功能的。计算机只能识别数字信号，所以在控制系统中必须要有模－数（Analog to Digital，A－D）转换器和数－模（Digital to Analog，D－A）转换器。

计算机控制系统的控制过程步骤如下：

第一，数据采集。被控对象被检测之后，将信号输入给计算机。

第二，决策。对得到的参数进行分析，按照预设规律进行之后的控制。

第三，控制。通过决策内容，将控制信号发给执行机构，任务完成。

不断重复以上过程，通过预设规律使系统工作，并且对不同参数以及设备进行监督把控，一旦遇到突发情况，要马上处理。

如果我们要控制连续的量，就要控制系统必须能够实现实时控制，即针对某一时间输入的信号可以迅速反应。如果延时或者没有反应，那么这个控制系统就是失败的。

所以，为了达成任务，计算机控制系统应包括硬件和软件两部分。

1. 硬件部分

硬件部分主要有主机、外围设备、过程输入/输出设备、人机联系设备和信息传输通道等。

（1）主机。它是控制系统的核心所在，包括两个部分，即中央处理器（CPU）和内存储器（RAM、ROM）。通过输入的信息进行反应产生相对应的信息，再根据控制算法对信息进行处理加工，选出合适的控制策略，然后通过输出设备，向现场发送控制命令。

（2）外围设备。它主要分为三个部分：输入设备、输出设备和外存储器。输入设备输入程序、数据或操作命令；输出设备一般包括打印机、绘图机、显示器等，其反应控制信息的方式一般采用字符、曲线、表格、画面等形式。外存储器包括磁盘、光盘等，功能是输入、输出。

（3）过程输入/输出设备。过程输入/输出设备使计算机可以与设备之间进行信息传递。输入设备主要有两个通道组成，即模拟量输入通道（AI通道）和开关量输入通道（DI通道）。AI通道把信号转换成数字信号后输入，而DI通道没有转换的步骤，直接输入开关量信号或数字量信号。输出设备由两个通道组成，即模拟量输出通道（AO通道）和开关量输出通道（DO通道）。AO通道把数字信号转换为模拟信号后输出，而DO通道没有转换的步骤，直接输出开关量信号或数字量信号。为了完成上述步骤，必须要有自动化仪表。仪表包括检测仪表和执行器等。

（4）人机联系设备。如果操作员想要跟计算机有联系，那么必须要有人机联系设备，从而进行信息交换。设备一般包括键盘、显示器、专用的操作显示面板。其作用有三个方面：对现场设备状态进行显示；给操作人员提供操作平台；对操作后的结果进行显示。所以，我们把这些设备叫作人机接口。

（5）信息传输通道。其主要用于地理位置不同、功能不同的计算机和设备之间的信息交换。

2. 软件部分

软件主要有两类：一是系统软件，二是应用软件。系统软件有很多，如操作系统、汇编语言、高级算法语言、过程控制语言、数据库、通信软件和诊断程序等。应用软件包括输入程序、过程控制程序、过程输出程序、人机接口程序、打印程序和公共服务程序等以及一些支撑软件,如控制系统组态、画面生成、报表曲线生成和测试等。

计算机控制系统具备以下独特的优点:

第一,由于速度快、精度高,其可以达到常规控制系统达不到的要求。

第二,由于较好的记忆和判断功能,所以其综合素质极好。对于环境和过程参数变化可以综合各种情况,得到最好的解决方式,这是普通传统的控制系统达不到的。

第三,对于常规系统无法完成的生产过程,如对象之间大时滞、对象之间各参数相互关联密切等,计算机控制系统往往会得到很好的结果。

对于现阶段来说,通过使用计算机自动控制技术建造建筑自动化系统,能够使建筑环境得到保证。

(二)计算机控制系统的典型形式

计算机控制系统的构成是否复杂取决于其所控制的生产过程。由于对象不同,选取的参数不同,控制系统也有所不同。根据系统组成不同,我们可以把系统分成数据采集、操作指导控制系统、直接数字控制系统、监督控制系统、集散控制系统、现场总线控制系统。

1. 数据采集和操作指导控制系统

该系统包含计算机信息采集系统(Data Acquisition System,DAS)和操作控制系统(Data Process System,DPS)。生产过程不是由计算机进行直接控制的。一般来说,系统中计算机对过程参数进行巡回检测、数据记录、数据计算、数据收集及整理,经加工处理后进行显示、打印或报警。根据不同的操作步骤,实现调控生产过程。

这是一种开环系统,它的优点主要表现在结构较为简单、安全可靠。其缺点主要是由于人工操作,速度得不到保证,所以对控制对象的数量有要求。生产过程虽然不直接由计算机控制,但是计算机的作用不能磨灭。计算机系统可以把模拟信号变为数字信号传输到计算机中,在这个过程中,能够避免大量仪表的投入与使用,同时可以监视生产过程。算术运算和逻辑运算功能可以加工处理、总结归纳数据,对最后的生产具有指导意义。其拥有巨大存储空间,所以一些历史资料都能够被保存。另外,把各种极限值存入计算机中,在处理数据过程中可以超限报警,以保证生产过程的安全性。

2. 直接数字控制系统

直接数字控制系统（Direct Digital Control，DDC）是目前国内外应用较为广泛的计算机控制系统。DDC 系统属于计算机闭环控制系统。计算机先通过模拟量输入通道（AI）和开关量输入通道（DI）实时采集数据，然后按照一定的控制规律进行计算，最后发出控制信息，并通过模拟量输出通道（AO）和开关量输出通道（DO）直接控制生产过程。由于没有操作人员的直接参与，因而这种系统的实时性好、可靠性和适应性较强，在自控系统中得到了普遍应用。

DDC 系统不但能完全取代模拟调节器，实现几十个甚至上百个回路的PID（比例、积分、微分）调节，而且不需要改变硬件，只通过改变控制程序就能实现复杂的控制，如前馈控制、最优控制、模糊控制等。DDC 系统能够巡回检测，对参数值进行修改显示、打印制表、超限报警。此外，其还可以对故障进行诊断、报警等。

3. 监督控制系统

我们要明确监督控制系统（Supervisory Computer Control，SCC）的概念和作用。通常情况下，计算机通过对信息和参数的处理，根据数学模型或者其他方法，对调节器进行改变，确保生产过程始终优化。它的结构形式包括以下两方面。

（1）SCC＋模拟调节器控制系统通过计算机对一些参数进行巡回检测，并按照已确定的数字模型进行分析、计算，再把产生结果作为一个定值向模拟调节器输出，然后调控完成。

（2）SCC＋DDC 分级控制系统是一个二级控制系统。SCC 计算机进行相关的分析、计算后得出最优参数，并将它作为设定值送给 DDC 级，执行过程控制。如果 DDC 级计算机无法正常工作，那么 SCC 计算机可完成 DDC 的控制功能，使控制系统的可靠性得到提高。

SCC 系统较 DDC 系统更接近实际生产过程的变化情况，不仅可以进行定制控制，还可以进行顺序控制、最优控制及自适应控制等，是 DAS 系统和 DDC 系统的综合与发展。但是，生产过程较复杂的控制系统，其生产过程的数学模型的精确建立是比较困难的，所以系统实现起来不太容易。

4. 集散控制系统

现代工业过程对控制系统的要求已不限于实现自动控制，还要求控制过程能长期在最佳状态下进行。对于一个大型的、复杂的、功能繁多的工程系统，局部优化并不能解决实际问题。我们追求的目标是总体优化。为了实现总体优化，我们把高阶对象大系统分成多个低阶小系统，用局部控制器控制小系统，达到最优的目标。

集散控制系统（Distributed Control System，DCS）出现在20世纪70年代，主要是基于微处理器，分散控制功能、集中显示操作。集散控制系统也是计算机控制系统，主要由过程控制级和过程监控级组成。同时，它的构造更为先进，包含计算机、通信、显示和控制技术，设计的初衷就是分散控制、操作集中、分级管理、灵活配置、方便组态。

我们可以把集散控制系统分为三级：第一级，现场控制级，它的主要作用是集散控制，同时可以联系操作站；第二级，监控级，可以集中管理控制信息；第三级，企业管理级，它的主要作用是把建筑物自动化系统和企业管理信息系统结合。

对于控制系统，我们可以把其分为几个子对象，然后通过现场控制级对其局部进行控制。中央站的作用就是确定一个最好的控制策略，对控制器（分组）进行协调，使系统运行最优。中央站具有很大的优越性，可以监视、操作、管理工程过程，与常规仪表控制系统和计算机控制系统不同，采用分散控制，对两者的优点进行了继承，并克服了它们的缺点。由于分站单独控制，系统的可靠性就可以得到保证。分站与中央站通过一条总线相连，对数据的一致性、系统的可靠性、实时性和准确性都可以有很好的保证。

集散控制显示操作功能高度集中，并且能够灵活操作、结果方便可靠，同时可以对控制系统进行完善，产生不同的高级控制方案。系统通过局域网，将现场的控制信息传输，对信息进行综合管理，使平均无故障时间（Mean Time Between Failures，MTBF）达到 $5\times 104h$，平均故障修复时间（Mean Time To Repair，MTTR）为5min。

由于集散控制系统的模块结构原因，我们对系统进行配置和扩展就会很方便、快捷。

5. 现场总线控制系统

现场总线控制系统（Fieldbus Comrol System，FCS）是新一代的分布式控制系统，它的发展主要是基于集散控制系统。根据IFX标准和FF的定义，"现场总线是把智能现场设备和自动控制系统进行连接的一种数字式、双向传输、多分支通信网络"。对于传统的过程控制系统，设备与控制器间连接的方式主要是点对点；对FCS来说，连接方式是现场设备多点共享总线，不但节约连线了，而且实现了通信链路的多信息传输。

从物理角度来说，FCS可以概括为由现场设备与形成系统的传输介质组成。对于现场总线的含义及优点，我们做了六点总结。

（1）互现场通信网络集散型控制系统的通信网络截止于控制器或现场控制

单元，现场仪表仍然是一对一的模拟信号传输。现场总线是用于过程自动化和制造自动化的现场设备或现场仪表互连的现场通信网络，把通信线一直延伸到生产现场或生产设备。这些设备通过一对传输线互连，传输线可以使用双绞线、同轴电缆和光缆等。

（2）互操作性。它主要是对不同制造厂的现场设备来说，实现通信，组态统一，构成控制回路，达到共同控制的目标。换句话说，用户能够对品牌的选择更加自由化，因为它们都可以连接在一起，"即接即用"。它的基本要求是互联，如果互操作性得以实现，那么使用者对集成现场总线控制系统更加自由化。

（3）分散功能模块 FCS 去除 DCS 的现场控制单元和控制器，把 DCS 控制器的功能块分散给现场仪表，从而构成虚拟控制站。例如，流量变送器主要包含输入功能块和运算功能块；调节阀功能主要是信号驱动和执行、自校验和自诊断。功能块可以在多个仪表中分散，这对使用者来说是特别方便的，因为在功能块的选择上可以更加自由。

（4）通信线、供电线一般用的是双绞线。对供电方式来说，现场仪表与通信线连接并且直接摄入能量，可以节省能量，在安全环境下应用。由于企业生产方式不同，可能会有可燃物质出现，所以要制定安全标准并且严格遵守。

（5）现场总线是开放式互联网络，它能够连接同类型网络和不同类型网络。数据库共享就是开放式网络的一个体现，通过统一现场设备和功能块，使各厂商不同的网络构成统一的现场总线控制系统。

（6）"傻瓜"型现场控制总线产品具有以下特点：模块化、智能化、装置化、量程比大、适应性强、可靠性高、重复性好。所以，为用户选型、使用和备品备件储备带来很大的好处。

二、传感器及执行器

（一）传感器概述

在工程科学与技术领域范畴，可以简单地把传感器作为人体"五官"的工程模拟物。传感器通过被测量的信息，以电信号或其形式输出，满足人们对信息的需求。它是实现自动检测和自动控制的首要环节。

1. 传感器的定义

能感受规定的被测量件并按照一定的规律（数学函数法则）转换成可用信号的器件或装置，通常由敏感元件和转换元件组成。

中国物联网校企联盟认为，传感器的存在和发展，让物体有了触觉、味觉和嗅觉等感官，让物体慢慢变得活了起来。

"传感器"在《韦氏大词典》中定义为"从一个系统接受功率,通常以另一种形式将功率送到第二个系统中的器件"。

通常传感器由敏感元件和转换元件组成。其中,敏感元件是指传感器中能直接感受或响应被测量的部分;转换元件是指传感器中将敏感元件感受或响应的被测量部分转换成适于传输或测量的电信号部分。由于传感器的输出信号一般都很脆弱,因此需要有信号调理与转换电路对其进行放大、运算调剂等。在传感器领域,半导体器件与集成技术大量被运用。信号调理与转换电路一般在壳体内或通过芯片。电源在传感器的工作中至关重要。

2. 传感器的主要分类

(1) 按用途分类,传感器分为压力敏和力敏传感器、位置传感器、液位传感器、能耗传感器、速度传感器、加速度传感器、射线辐射传感器、热敏传感器。

(2) 按原理分类,传感器分为振动传感器、湿敏传感器、磁敏传感器、气敏传感器、真空度传感器、生物传感器等。

(3) 按输出信号分类,有以下几种:

①模拟传感器:非电学量转换成电信号。

②数字传感器:非电学量转换成数字输出信号。

③用数字传感器:信号量转换成频率信号或短周期信号之后输出。

④开关传感器:当信号达到某个特定的值时,传感器就会根据设定输出相应信号。

(4) 按其制造工艺分类,可分为以下几种:

①集成传感器:是用标准的生产硅基半导体集成电路的工艺技术制造的。通常用于初步处理被测信号的部分电路也集成在同一芯片上。

②薄膜传感器:通过沉积在介质衬底(基板)上的相应敏感材料的薄膜形成的。使用混合工艺时,同样可将部分电路制造在此基板上。

③厚膜传感器:是利用相应材料的浆料,涂覆在陶瓷基片上制成的,基片通常是 Al201 制成的,然后进行热处理,使厚膜成形。

④陶瓷传感器:采用标准的陶瓷工艺或其某种变种工艺(溶胶、凝胶等)生产。

预备性操作完成后,把元件在规定的温度中烧结。厚膜传感器相似于陶瓷传感器。在某种程度来说,厚膜工艺的前身就是陶瓷工艺。

(5) 按测量目的分类,有以下几种:

①物理型传感器:通过物质的物理性质进而制成的。

②化学型传感器:对化学物质成分、浓度比较敏感,同时把这些信息转化

成电学量。

③生物型传感器：由于生物固有特征能够检测与识别生物体内的化学成分。

(6) 按其构成分类，有以下几种：

①基本型传感器：最基本的单个变换装置。

②组合型传感器：由不同单个变换装置构成的传感器。

③应用型传感器：基本型传感器和组合型传感器组合构成的传感器。

(7) 按作用形式分类，可以分为主动型和被动型。主动型又分为作用型和反作用型，此种传感器向被测对象发出探测信号后，可以检测到经过被测对象后信号发生的变化。作用型就是检测信号变化方式，反作用型就是检测产生响应的信号，如雷达与无线电频率。被动型传感器只是接收被测对象本身产生的信号，如红外辐射温度计、红外摄像装置等。

3. 传感器的选型原则

(1) 从对象和环境考虑确定类型

要完成一项准确的测量工作，传感器的选取十分重要，要综合考虑多方面的因素。考虑因素一般包括量程、传感器大小、测量方式、信号传输、测量方式等。对这些关键因素进行考虑后，再看传感器的性能。

(2) 灵敏度的选择

对传感器来说，我们当然希望越灵敏越好。灵敏度高，对信号响应越明显。但是，由于灵敏度过高，外界一些因素也会对传感器产生影响，如温度、噪声。所以，对传感器的要求就是信噪比要好，避免外界干扰信息。灵敏度具有方向性。如果测量单向量，方向性要求精确，那么必须选择其他方向灵敏度小的传感器；如果被测量是多维向量，那么要求传感器交叉灵敏度小。

(3) 频率响应特性

频率对传感器来说很重要，决定了能够测量的频率范围。实际上，传感器的响应总会有一定延迟。频率响应与能够测量信号频率范围成正比。

(4) 线性范围

它是输出与输入比例的范围。从理论上来说，灵敏度在这个范围内保持不变。量程大的传感器的线性范围越宽，精度也越高。一旦确定某种类型传感器之后，就要看其量程。误差是不能避免的，但传感器的线性度是相对的。如果对精度要求不高，我们把非线性误差小的传感器都看作线性的，这就会方便测量。

(5) 稳定性

长时间工作后，传感器的性能不受影响的能力叫作稳定性。传感器本身以及环境都会影响传感器稳定性。如果传感器想要有好的稳定性，那么适应环境的能力必须要强。

①传感器投入使用之前，我们要明确该环境适合何种传感器，或者通过一定方法使环境的影响降到最低。

②传感器的稳定性有定量性。如果超过使用期，那么投入使用的时候要注意标定，保证稳定性不变。

③如果对传感器使用时间和场合有要求，那么就要选择精度和稳定性适合的传感器，这样才可以长时间使用。

(6) 精度

精度作为衡量传感器重要指标之一，对整个测量系统测量精度都有影响。由于传感器的精度和价格成正比，所以避免金钱的浪费要选择合适精度的传感器。如果我们追求的是定性分析，那么传感器要选择重复精度较高的。如果定量分析是最终目标，那么精确的测量值是我们追求的，所以要选择精确度较高的传感器。如果对于特殊场合，找不到合适的传感器，则可以自己设计。

(二) 智能传感器及其应用

智能传感器是为了代替人和生物体的感觉器官并扩大其功能而设计制作出来的一种系统。人和生物体的感觉有两种基本功能，一是对对象有无或变化进行检测，从而发出信号，即感知；二是对对象的不同状态进行判断、推理、鉴别，即认知。一般传感器具有"感知"能力，没有"认知"能力。智能传感器则兼具"感知"和"认知"。

智能传感器需要具备下列条件：

第一，传感器本身可消除异常值和例外值，与传统传感器相比，提供的信息更加全面、真实。

第二，可以进行信号处理。

第三，能够随机整定和自适应。

第四，有存储、识别和自诊断功能。

第五，含有特定算法并可以根据实际情况改变优化。

智能传感器的特征包含敏感技术和信息处理技术两方面。换句话说，智能传感器既要有"感知"，又要有"认知"。如果具有信息处理的能力，就必然会使用计算机技术。考虑到体积问题，智能传感器最好用微处理器。

智能传感器是多种原件的结合，包括敏感元件、微处理器、外围控制及通信电路、智能软件系统等。由于其内嵌了标准通信协议和标准的数字接口，使传感器之间或传感器与外围设备之间可以组网。

1. 智能传感器的产生缘由

（1）随着时代和科技的发展，2000年以后，微处理器可靠性提高并且体积越来越小，传统传感器中可嵌入智能控制单元，这就是传感器微型化的基础。

（2）传统传感器的最终目的是解决准确度、稳定性和可靠性的问题，主要的研发工作是新敏感材料的开发，但是会花费较多的人力、物力。由于自动化系统的发展，传感器的精度、智能水平、远程可维护性、准确度、稳定性、可靠性和互换性等要求更高，所以智能传感器的出现势在必行。

2. 智能传感器的应用价值

（1）应用设计简单。工程师在设计的时候重点在系统的应用层面，如控制规则、用户界面、人机工程等，对传感器本身就不必深入研究，只需要把传感器作为部件使用。

（2）应用成本低。由于技术的完善以及工具的辅助，研发、采购、生产等方面的成本会降低。

（3）传感器标准协议接口的使用，使工厂更加专注于传感器的品质，会满足此接口协议的传感器都能投入使用。

（4）采用平台技术，使跨行业应用成为可能。

（5）搭建复合传感。基于通用的接口规范，工厂和应用商能够完成新型的复合传感器设计、生产和应用。

（6）通用的数据接口允许第三方客户开发标准的支持设备，帮助客户或传感器工厂完成新产品的设计。

三、计算机测控系统接口技术

（一）控制器的组成

其主要由指令寄存器、程序计数器、时序产生器、指令译码器、操作控制器等部分组成，通过按顺序改变主电路、控制电路的接线及电阻值来控制电动机，使其实现起动、制动、调速、反向等操作。它能够协调指挥整个计算机系统的操作，是主要负责发布命令的"决策机构"。

1. 分类

大致分为两类：微程序控制器和组合逻辑控制器。微程序控制器与组合逻辑控制器相比，结构更为简单，设计更加便利，但速度较慢。不同于组合逻辑控制器设计完成后的不可扩充修改，微程序控制器具有修改机器指令的功能，只需重编所对应的微程序。组合逻辑控制器主要由逻辑电路组成，依靠硬件完成指令；而微程序控制器则只是组合逻辑器的缺点修改，主要针对修改和扩充等。

2. 组成

以组合逻辑控制器为例，其主要由以下部分组成。

(1) 时序电路：主要用于产生时间标志信号。一般情况下，微型计算机中的时间标志信号分为三级，即指令周期、总线周期及时钟周期。微操作命令是在电路中产生的、完成指令规定操作的各种命令，这些命令产生的主要依据是时间标志和指令操作性质。这部分电路是控制器中最复杂的部分。

(2) 操作码译码器：顾名思义，将指令的操作码进行译码，生成相应的控制电平，完成对指令的分析。

(3) 指令计数器：指示下一待执行指令的地址。在存储器中，指令顺序存放，一般也顺序执行。执行一条指令时，必须将执行指令的现行地址加1，参照微操作命令中的"1"。若执行转移指令，则应转移到本转移指令的地址码字段，并送往指令计数器。

(4) 指令寄存器：正在进行执行的指令存放的地址。地址码和操作码是指令的两个重要部分。能够显示本条指令的操作数地址或者形成这个地址的相关信息（操作数地址主要是由地址形成的电路来显示）的是地址码；而操作码则注重指令操作，如加减法等。在转移指令中，其主要目的是改变指令的操作顺序，因此地址码指示的是要转去执行的指令的地址。

通过微指令产生微操作命令，将多条微指令组合成一段微程序，从而实现一条机器指令的功能（为了加以区别，将前面所讲的指令称为机器指令），这就是微程序控制的设计思路。设机器指令 M 执行时需要三个阶段，每个阶段需要发出如下命令：阶段一发送 K1、K8 命令，阶段二发送 K0、K2、K3、K4 命令，阶段三发送 K9 命令。当将第一条微指令送到微指令寄存器时，微指令寄存器的 K1 和 K8 为1，即发出 K1 和 K8 命令，该微指令指出下一条微指令地址为 00101，从中取出第二条微指令，送到微指令寄存器时，将发出 K0、K2、K3、K4 命令，接下来是取第三条微指令，发出 K9 命令。

(二) 数字量和模拟量接口

1. I/O 接口电路

I/O 接口电路也称接口电路。它是主机和外围设备之间交换信息的连接部件（电路）。它在主机和外围设备之间的信息交换中起着桥梁和纽带作用。接口电路主要作用如下。

(1) 解决主机 CPU 和外围设备之间的时序配合和通信联络问题。主机的 CPU 是高速处理器件，如 8086－1 的主频为 10MHz，1 个时钟周期仅为 100ns，一个最基本的总线周期为 400ns，比外围设备的工作速度快得多。常规外围中，电传打字机在传送信息时的速度为毫秒级；工业控制设备中，炉温控制的采样周期则是以秒为单位。通过设置一个 I/O 接口，使外围设备和 CPU 两个不同速度的系统实现异步通信联络，并且保证 CPU 的高效率工作，也可以适应外部的设备运行速度要求。其由缓冲器、状态寄存器、数据锁存器和中断控制电路等部分组成。经过接口，CPU 即可运用查询、中断控制等方式为外围提供服务，保证两者的异步协调工作，在符合外围要求的条件下提高 CPU 的利用率。

（2）解决 CPU 和外围设备之间的数据格式转换问题和匹配问题。CPU 只可以对并行数据进行读入和输出，是遵照并行处理设计的高速处理器件。但往往这些数据格式多是串行。例如，机间距离较长时，一般为节省传输线及成本、提高可靠性，即采用串行通信方式。因此，要转换计算机 CPU 所接收的串行格式为并行方式，并且信息传送时要调整到双方相匹配的电平和速率。而诸如此般功能全由接口芯片在 CPU 控制下完成。

（3）解决 CPU 的负载能力和外围设备端口选择问题。尽管 CPU 能够克服上述串并行格式的信息交换，但也不可能使外围设备的数据线、地址线与 CPU 总线直接挂钩。原因一在于外围设备的端口选择；原因二在于 CPU 总线的负载能力。CPU 总线负载能力有限，当过多的信号线直接连接总线时，将导致总线的超负荷，而接口电路可以有效分散这些负载，减轻 CPU 总线压力。CPU 和所有外围设备交换信息都是通过双向数据总线进行的。如果所有外围设备的数据线都直接接到 CPU 的数据总线上，则数据总线上的信号将会混乱，无法区分是送往哪一个外围设备的数据，还是来自哪一个外围设备的数据。只有通过接口电路中具有三态门的输出锁存器或输入缓冲器，再将外围设备数据线接到 CPU 数据总线上，通过控制三态门的使能（选通）信号，才能使 CPU 的数据总线在某一时刻只接到被选通的那一个外围设备的数据线上，这就是外围设备端口的选址问题。使用可编程并行接口电路或锁存器、缓冲器就能方便地解决上述问题。

此外，接口电路还可实现端口的可编程功能以及错误检测功能。一个端口通过软件设置既可作为输入口又可作为输出口。同时，多数用于串行通信的可编程接口芯片，都具有传输错误检测功能，如可进行奇/偶校验、冗余校验等。

2. I/O 通道

I/O 通道也称为过程通道，是计算机和控制对象之间信息传送和变换的连接通道。计算机要实现对生产机械、生产过程的控制，就必须采集现场控制对象的各种参量。这些参量分为两类：一类是模拟量，即时间上和数值上都连续变化的物理量，如温度、压力、流量、速度、位移等；另一类是数字量（或开关量），即时间和数值上都不连续的量，如表示开关闭合或断开两个状态的开关量，按一定编码的数字量和串行脉冲列等。同样，被控对象也要求得到模拟量（如电压、电流）和数字量两类控制量。但是，计算机只能接收和发送并行的数字量，因此为使计算机和被控对象之间能够连通起来，除了需要I/O接口电路外，还需要I/O通道。通过它，将被控对象采集的参量变换成计算机所要求的数字量（或开关量），送入计算机。计算机按某一数学公式计算后，又将其结果以数字量形式或转换成模拟量形式输出至被控对象，这就是I/O通道所要完成的功能。

应当指出，I/O接口和I/O通道都是为实现主机和外围设备（包括被控对象）之间的信息交换而设置的器件，其功能都是保证主机和外围设备之间能方便、可靠、高效地交换信息。因此，接口和通道紧密相连，在电路上往往就结合在一起了。例如，目前大多数大规模集成电路A—D转换器芯片，除了完成A—D转换，起模拟量输入通道的作用外，其转换后的数字量保存在具有三态输出的输出锁存器中。同时，具有通信联络及I/O控制的有关信号端，可以直接挂到主机的数据总线及控制总线上去，这样A—D转换器就同时起到了输入接口的作用，因此有的书中把A—D转换器也统称为接口电路。大多数集成电路D—A转换器也一样，都可以直接挂到系统总线上，同时起到输出接口和D—A转换的作用。但是，在概念上应当注意两者之间的联系和区别。

3. I/O信号的种类

在微机控制系统或微机系统中，主机和外围设备间所交换的信息通常分为数据信息、状态信息和控制信息三类。

（1）数据信息是主机和外围设备交换的基本信息，通常是8位或16位的数据，可以用并行格式传送，也可以用串行格式传送。数据信息又可以分为数字量、模拟量、开关量和脉冲量。

①数字量是指由键盘、磁盘机、拨码开关、编码器等输入的信息，或者是主机送给打印机、磁盘机、显示器、被控对象等的输出信息。它们是二进制码的数据或是以ASCII码表示的数据或字符（通常为8位）。

②模拟量来自现场的温度、压力、流量、速度、位移等物理量，也是一类数据信息。一般通过传感器将这些物理量转换成电压或电流，电压和电流仍然是连续变化的模拟量，经过A—D转换变成数字量，最后送入计算机。反之，从计算机送出的数字量要经过D—A转换变成模拟量，最后控制执行机构。所以，模拟量代表的数据信息都必须经过变换才能实现交换。

③开关量表示两个状态，如开关的闭合和断开、电动机的起动和停止、阀门的打开和关闭等。这样的量只要用一位二进制数就可以表示。

④脉冲量是一个传送的脉冲列。脉冲的频率和脉冲的个数可以表示某种物理量。例如，检测装在电动机轴上的脉冲信号发生器发出的脉冲，可以获得电动机的转速和角位移数据信息。

(2) 状态信息是外围设备通过接口向 CPU 提供的反映外围设备所处的工作状态的信息，是两者交换信息的联络信号。输入时，CPU 读取准备好（READY）状态信息，检查待输入的数据是否准备就绪，若准备就绪则读入数据，未准备就绪就等待；输出时，CPU 读取忙（BUSY）信号状态信息，检查输出设备是否已处于空闲状态，若为空闲状态则可向外围设备发送新的数据，否则等待。

(3) 控制信息是 CPU 通过接口传送给外围设备的。控制信息随外围设备的不同而不同，有的控制外围设备的起动、停止；有的控制数据流向，如控制输入还是输出；有的作为端口寻址信号等。

4. I/O 控制方式

外围设备种类繁多，它们的功能不同，工作速度不一，与主机配合的要求也不相同。CPU 采用分时控制，每个外围设备只在规定的时间内得到服务。为了使各个外围设备在 CPU 控制下成为一个有机的整体，从而协调、高效率、可靠地工作，就要规定一个 CPU 控制（或称调度）各个外围设备的控制策略，或者称为控制方式。

通常采用三种 I/O 控制方式：程序控制方式、中断控制方式和直接存储器存取方式。在进行微机控制系统设计时，可按不同要求选择各外围设备的控制方式。

(1) 程序控制 I/O 方式是指 CPU 和外围设备之间的信息传送，是在程序控制下进行的，分为无条件 I/O 方式和查询式 I/O 方式。

①无条件 I/O 方式。所谓无条件 I/O 方式是指不必查询外围设备的状态即可进行信息传送的 IO 方式。在此种方式下，外围设备总是处于就绪状态，一般仅适用于一些简单外围设备的操作。CPU 和外围设备之间的接口电路通常采用输入缓冲器和输出锁存器。由地址总线和 M/IO 信号端经端口译码器译出所选中的 I/O 端口，由 WR、RD 信号决定数据流向。

外围设备提供的数据自输入缓冲器接入。当 CPU 执行输入指令时，读信号 RD 有效，选择信号 M/IO 处于低电平，因而按端口地址译码器所选中的三态输入缓冲器被选通，使已准备好的输入数据经过数据总线读入 CPU。当 CPU 向外设输出数据时，由于外设的速度通常比 CPU 的速度慢得多，因此输出端口需要加锁存器，CPU 可快速地将数据送入锁存器锁存，即去处理别的任务。在锁存器锁存的数据可供较慢速的外围设备使用，这样既提高了 CPU

的工作效率，又能与较慢速的外围设备动作相适应。当CPU执行输出指令时，M/IO和WR信号有效，CPU输出的数据送入按端口译码器所选中的输出锁存器中保存，直到该数据被外围设备取走，CPU又可送入新的一组数据。显然第二次存入数据时，需确定该输出锁存器是空的。

②查询式I/O方式，也称为条件传送方式。CPU和外围设备的I/O接口除需设置数据端口外，还要有状态端口。

状态端口的指定位表明外围设备的状态，通常只有"O"或"I"两种状态。交换信息时，CPU通过执行程序不断读取并测试外围设备的状态，如果外围设备处于准备好的状态（输入时）或者空闲状态（输出时），则CPU执行输入指令或输出指令，与外围设备交换信息，否则，CPU要等待。当一个微机系统中有多个外围设备采用查询式I/O方式交换信息时，CPU应采用分时控制方式，逐一查询，逐一服务。其工作原理如下：每个外围设备提供一个或多个状态信息，CPU逐次读入并测试各个外围设备的状态信息，若该外围设备请求服务（请求交换信息），则为之服务，然后清除该状态信息；否则，跳过，查询下一个外围设备的状态；各外围设备查询完一遍后，再返回从头查询，直到发出停止命令为止。

(2) 中断控制方式是为了提高CPU的效率，使系统具有良好的实时性。采用中断方式时，CPU不必花费大量时间去查询各外围设备的状态。当外围设备需要请求服务时，向CPU发出中断请求。CPU响应外围设备中断，停止执行当前程序，转去执行该外围设备服务的程序，此服务程序称为中断服务处理程序，或称中断服务子程序。中断处理完毕，CPU又返回执行原来的程序。

微机控制系统中，可能设计有多个中断源，且多个中断源可能同时提出中断请求。因此，多重中断处理必须注意如下四个问题。

第一，保存现场和恢复现场。为了不致造成计算和控制的混乱和失误，进入中断服务程序要先保存通用寄存器的内容，中断返回前又要恢复通用寄存器的内容。

第二，正确判断中断源。CPU能正确判断出是哪一个外围设备提出的中断请求，并转去为该外围设备服务，即能正确地找到申请中断的外围设备的中断服务程序入口地址，并跳转到该入口。

第三，实时响应。实时响应就是要保证CPU能接收到每个外围设备的每次中断请求，并在其最短响应时间之内给予服务完毕。

第四，按优先权顺序处理多个外围设备同时或相继提出的中断请求。应能按设定的优先权顺序，按轻重缓急逐个处理。必要时，应能实现优先权高的中断源可中断比其优先权较低的中断处理，从而实现中断嵌套处理。

（3）直接存储器存取（DMA）方式利用中断方式进行数据传送，可以大大提高CPU的利用率。在中断方式下，仍必须通过CPU执行程序来完成数据传送。每进行一次数据传送，就要执行一次中断过程，其中保护和恢复断点、保护和恢复寄存器内容的操作与数据传送没有直接关系，但会浪费CPU不少时间。例如，对磁盘来说，数据传输速率由磁头的读写速度来决定，而磁头的读写速度通常超过 $2 \times 10^5 \text{B/s}$，这样磁盘和内存之间传输一个字节的时间就不能超过 $5\mu s$。采用中断方式很难达到这么高的处理速度。

所以，希望用硬件在外设与内存间直接进行数据交换（DMA）而不通过CPU，这样数据传送的速度上限就取决于存储器的工作速度。但是，通常系统的地址和数据总线以及一些控制信号线是由CPU管理的。在DMA方式时，就希望CPU把这些总线让出来（即CPU连到这些总线上的线处于第三态——高阻状态），而由DMA控制器接管，控制传送的字节数，判断DMA是否结束以及发出DMA结束等信号。

第二节　智能建筑电气控制系统设计的原则与要求

一、电气控制系统设计的基本原则

电气控制系统设计的基本原则就是在最大限度满足生产设备和生产工艺对电气控制系统要求的前提下，力求运行安全可靠，动作准确、经济，电动机及电气元件选用合理，操作、安装、调试和维修方便。

二、电气控制系统设计的基本要求

设计电气控制系统没有特定的模式可以照搬，不同的设计师可能采用完全不同的设计方式、方法，目前主要在传动方式和控制系统基础上进行设计。所以，只有不断地积累和总结经验，才能做到最优化设计。

（一）最大限度地实现生产机械和工艺对电气控制线路的要求

先要对工业生产的过程、要求、性能以及结构的特点进行细致的了解。生产要求主要是由工艺设计人员提供的，执行时可能会有差异，因此电气设计人员必须到现场进行分析、发现其中的问题，并作为之后环节设计的依据，在其基础上进行控制系统的设计。

（二）在满足生产要求的前提下，还要力求满足五项要求

1. 环节、线路合理

尽量选用标准的、成熟的环节和线路。

2. 尽量减少连接导线的数量、缩短长度

在控制电路的设计中，应当注意各电器设备的位置及其分布，设计不同组件之间的接线。同时，特别关注电气柜、操作台和限位开关的连线。

3. 减少元件数量

尽量减少电器数量，采用标准件。尽可能选用相同型号的电器元件，以减少备用量。

4. 减少触点

尽量减少不必要的触点，简化控制线路，以减小控制线路的故障率，提高系统工作的可靠性。

5. 节约电能

进行控制时，除必要的电路必须通电外，其余的尽量不通电，以节约电能并延长电路的使用寿命。

（三）保证控制线路工作的可靠性

保证控制线路工作的可靠性要注意以下问题。

1. 元件可靠

选用的电器元件要可靠、抗干扰性能好。

2. 正确连接电器

在交流控制电路中不能串联接入两个电器的线圈，即使外加电压是两个线圈额定电压之和，也是不允许的。因为每个线圈上所分配到的电压与线圈阻抗成正比，两个电器动作总是有先有后，不能同时吸合。

3. 正确连接同一电器的触点

正确连接电器的触点时，应使分布在线路不同位置的同一电器触点尽量接在电源的同一相上，以避免在触点间引起短路。

在控制电路中，应尽量将所有电器的连锁触点接在线圈的左端，线圈的右端直接接电源，以减少线路内产生虚假回路的可能性，还可以简化电气柜的出线。

4. 应使触点容量足够

在控制线路中，采用小容量继电器的触点断开或接通大容量接触器的线路时，要计算继电器触点断开或接通容量是否足够。不够时必须加小容量的接触器或中间继电器，否则工作不可靠。

5. 正确选择正反向接触器

在频繁操作的可逆线路中，正反向接触器应选加重型的接触器，同时应有电气连锁和机械连锁。

6. 尽量避免许多电器依次动作的现象

在线路中应尽量避免许多电器依次动作，才能接通另一个电器的控制线路。

7. 注意电网情况

设计的线路应顾及所在电网环境，如电网容量的大小、电压频率的波动范围以及允许的冲击电流数值等，据此决定电动机是直接启动还是间接（降压）启动。

8. 防止产生寄生电路

控制电路在正常工作或事故情况下，发生意外接通的电路叫寄生电路。若控制电路中存在寄生电路，将破坏电器和线路的工作顺序，造成误动作。电路在正常工作时能完成正、反向启动，停止时能有信号指示。

（四）控制线路工作的安全性

电气控制线路应具有完善的保护环节，用于保护电动机、控制电器以及其他电器元件，消除不正常工作时的有害影响，避免因误操作而发生事故。在自动控制系统中，常用的保护有短路、过流、过载、过压、失压、弱磁、超限、极限等。

（五）保证操作、安装、调整、维修方便和安全

为了使电器设备维修方便、使用安全，电器元件应留有备用触点，必要时应留有备用元件，以便检修调整改接线路；应设置隔离电器，以免带电检修；控制机构应操作简单，能迅速而方便地由一种控制形式转换到另一种控制形式，如由手动控制转换到自动控制。

为避免带电维修，每台设备均应装有隔离开关。根据需要可设置手动控制及点动控制，以便调整设备。必要时可设多点控制开关，使操作者在几个位置均能控制设备。需要注意的是，装有手动电器的控制线路和带行程开关的控制线路一定要有零压保护环节，以避免由于断电时手动开关没扳到分断位置或行程开关恰好被压动，在恢复供电时造成意外事故。另外，实际中总有误操作的可能性，故在控制线路中应该有连锁保护。

第三节 智能建筑电气控制系统设计的实践

一、智能建筑电气控制系统设计的基本内容

电气控制系统设计的基本任务是根据控制要求,设计和编制出设备制造及使用维修过程中必需的各种图纸、资料。因此,电气控制系统设计包含原理设计与工艺设计两部分。

(一)原理设计

电气原理设计是整个系统设计的核心,主要包括以下部分:

(1) 拟定电气设计任务书。

(2) 确定拖动方案,选择电动机的型号。

(3) 确定系统的整体控制方案。

(4) 设计并绘制电气原理图。

(5) 计算主要技术参数并选择电气元件。

(6) 编写元件目录清单及设计说明书,为工程技术人员提供方便。

(二)工艺设计内容

工艺设计的主要目的是便于组织电气控制系统的制造过程,实现原理设计要求的各项技术指标,主要内容如下:

(1) 根据设计原理图及所选用的电器元件,设计绘制电气控制系统的总装配图及总接线图。总装配图应能反映各电动机、电器元件、电源及检测元件的分布状况;总接线图应能反映各部分的接线关系和连接方式。

(2) 根据原理框图和划分的组件,对总原理图进行编号,绘制各组件原理电路图,列出各部分的元件目录表,并根据总图编号统计出各组件的进出线号。

(3) 根据组件原理电路及选定的元件目录表,设计组件装配图、接线图,图中应反映各电器元件的安装方式与接线方式。

(4) 根据组件装配要求,绘制电器安装板和非标准的电器安装零件图,应标明技术要求。

(5) 根据组件尺寸及安装要求确定电气柜结构与外形尺寸,设置安装支架,应标明安装尺寸、面板安装方式、各组件的连接方式等。

(6) 将总原理图、总装配图及各组件原理图资料进行汇总,应分别列出外购件清单、标准件清单以及主要材料消耗定额。

(7) 编写使用维护说明书。

二、智能建筑电气控制系统的设计步骤

根据电气设计的内容，电气控制系统设计的基本步骤如下。

（一）拟定电气控制系统设计任务书

电气控制系统设计任务书是整个电气设计的依据，任务书中除要说明所设计设备的型号、用途、加工工艺、动作要求、传动参数及工作条件外，还要说明以下主要技术指标及要求：

（1）控制精度和生产效率的要求。

（2）电气传动基本特性，如运动部件数量、用途、动作顺序、负载特性、调速指标、启动、制动方面的要求。

（3）稳定性及抗干扰要求。

（4）连锁条件及保护要求。

（5）电源种类、电压等级。

（6）目标成本及经费限额。

（7）验收标准及验收方式。

（8）其他要求，如设备布局、安装要求、操作台布置等。

（二）确定拖动（传动）方案及选择电动机型号

根据零件加工精度、加工效率、生产机械的结构、运动部件的数量、运动方式、负载性质和调速等方面的要求以及投资额的大小，确定电动机的类型、数量、拖动方式，并拟定电动机的启动、运行、调速、转向、制动等控制方案。下面是选取电动机时的一些原则性问题：

（1）电动机的机械特性应满足生产机械提出的要求，与负载特性相适应，以保证加工过程中运行稳定并具有一定的调速范围与良好的启动、制动性能。

（2）工作过程中电动机容量能得到充分利用。

（3）电动机的结构应满足机械设计提出的安装要求，并能适应周围环境工作条件。

（4）在满足设计要求的情况下，应优先选择结构精简、价格适中、后续日常管理和维护方便的三相交流异步电动机。如果生产设备的各部分之间不需要保证一定的内在联系，则可采用多台电动机分别拖动，以减少传动系统的复杂性，尽可能地提高工作效率，增加稳定性。

根据设备中主要电动机的负载情况、调速范围及对启动、反向、制动的要求确定拖动形式。一般设备采用交流拖动系统，利用齿轮箱变速。为了扩大调速范围，简化设备结构，也可采用双速或多速鼠笼式异步电动机及绕线型异步电动机。当对转速要求比较精确时，需要无级调速，采用直流电动机调速系统或交流变频调速系统。同时，需要密切注意电动机调速的性质，应当与负载特性相适应。

（三）确定控制方案

为了保证设备协调准确动作，充分发挥效能，在确定控制方案时，应考虑以下几点：

（1）根据控制设备复杂程度及生产工艺精度要求不同，可以选择几种不同的控制方式，如继电接触控制、顺序控制、PLC控制、计算机联网控制等。

（2）满足控制线路对电源种类、工作电压、频率等方面的要求。

（3）构成自动循环，画出设备工作循环简图，确定行程开关的位置，如在电液控制时要确定电磁铁和电磁阀的通断状态，需列出上述电器元件与执行动作的关系表。

（4）确定控制系统的工作方法，因为一台设备可能有不同的工作方式，如自动循环、手动调整等，需逐个实现。

（5）连锁关系和电气保护是保证设备运行、操作相互协调及正常执行的条件，所以在制定控制方案时，必须全面考虑设备运动规律和各动作的制约关系，完善保护措施。

三、智能建筑电气控制系统的设计方法

在总体方案确定之后，具体设计是从电气原理图开始的。各项设计指标是通过控制原理图实现的，同时原理图是工艺设计和编制各种技术资料的依据。电气原理图设计的基本步骤如下：

第一，根据选定的拖动方案及控制方式设计系统的原理框图，拟定出各部分的主要技术要求和主要技术参数。

第二，根据各部分要求设计出原理框图中各部分的具体电路，设计步骤为主电路—控制电路—辅助电路—连锁与保护—检查、修改与完善。

第三，绘制总原理图，按系统框图结构将各部分连成一个整体。

第四，正确选用原理线路中每一个电器元件，并制定元器件目录清单。

对于比较简单的控制线路，如普通机械或非标设备的电气配套设计，可以省略前两步直接进行原理图设计和选用电器元件。

电气原理设计的方法主要有分析设计法（又称经验设计法）和逻辑设计法两种。

（一）分析设计法

分析设计法是指根据生产工艺要求，选择适当的单元电路或将经过考验的

成熟电路按各部分的连锁条件组合起来并加以补充和修改,从而设计出符合控制要求的完整线路。当现有的电路不符合部分环节时,一般采取边分析电路特征边设计的方式,将信号编码组合和变换,在有条件的时候应当获取执行单元的信号。在实际设计过程中,可以随时更换和增加或减少构件,还可以改变触点的基本组合形式,以此来满足驱动系统的要求,从而设计出理想的控制电路。

分析设计法最显著的特征就是其没有固定的设计程序,设计方法比较简单。对于有一定工作经验的人来讲,可以比较快速地完成任务。但其缺点也比较明显,因为主要依靠经验来设计,所以可能不是最佳设计方法,对设计人员的要求比较高,一旦考虑不足或者经验上有所欠缺,就可能会影响工作的可靠性。由于这种设计方法以熟练掌握各种电气控制线路的基本环节和具备一定的阅读分析电气控制线路的经验为基础,所以又称为经验设计法。

下面介绍经验设计法的基本步骤及特点。

1. 经验设计法的基本步骤

一般的生产机械电气控制电路设计步骤包括主电路、控制电路和辅助电路设计,然后根据经验反复调整,直到满足工艺要求为止。

(1) 主电路设计

主电路设计主要考虑电动机的启动、点动、正反转、制动及多速电动机的调速。

(2) 控制电路设计

控制电路设计主要考虑如何满足电动机的各种运转功能及生产工艺要求,包括实现加工过程自动或半自动控制等。

(3) 辅助电路设计

辅助电路设计主要考虑如何完善整个控制电路的设计,包括短路、过载、零压、连锁、照明、信号、充电测试等各种保护环节。

(4) 反复审核电路是否满足设计原则

在条件允许的情况下,进行模拟试验,直至电路动作准确无误,并逐步完善整个电器控制电路的设计。在具体设计过程中,通常有两种做法:

①根据生产机械的工艺要求,适当选用现有的典型环节,将它们有机地组合起来,并补充、修改,综合成需要的控制线路。

②在找不到现成的典型环节时,可根据工艺要求自行设计电器元件和触点,以满足给定的工作条件。

2. 经验设计的基本特点

(1) 方法易于掌握,使用很广,但一般不易获得最佳设计方案。

（2）要求设计者具有一定的实际经验，在设计过程中往往会因考虑不周发生差错，影响电路的可靠性。

（3）当线路达不到要求时，多用增加触点或电器数量的方法解决，所以设计出的线路常常不是最简单经济的。

（4）需要反复修改设计草图，设计速度较慢。

（5）一般需要进行模拟试验。

（6）设计程序不固定。

（二）逻辑设计法

用经验设计法设计继电接触式控制线路，对同一个工艺要求往往设计出各种不同结构的控制线路，并且较难获得最简单的。经过长时间的摸索，工程技术人员发现继电路控制线路中的各种输入信号和输出信号只有两种状态，即通电和断电。而早期的控制系统基本上是针对顺序动作而进行的设计，于是提出了逻辑设计的思想。

所谓逻辑设计法，就是从系统的工艺过程出发，将控制线路中的接触器、继电器线圈的通电与断电、触点的闭合与断开以及主令元件的接通与断开等看成逻辑变量，并将这些逻辑变量关系表示为逻辑函数式，再运用逻辑函数基本公式和运算规律进行化简，使之成为"与""或""非"的最简单关系式，然后根据简单的逻辑关系式画出电路结构图，最后进行进一步检查和完善，得到所需的控制线路。

第四章 建筑设计中的节能技术

第一节 建筑围护结构节能设计

一、我国建筑节能现状

建筑围护结构组成部件（屋顶、墙、地基、门和窗、遮阳设施）的设计对建筑能耗、环境性能、室内空气质量与用户所处的热舒适环境有根本的影响。

一般增大围护结构的热工性能，费用仅为总投资的 3%～6%，而节能可达 20%～40%。通过改善建筑物围护结构的热工性能，在夏季可减少室外热量传入室内，在冬季可减少室内热量的流失，使建筑热环境得以改善，从而减少建筑冷、热消耗。

首先，提高围护结构各组成部件的热工性能，一般通过改变其组成材料的热工性能实行。针对不同类型的建筑有不同的要求，可具体考量在各个维护组成部分使用不同的材料和技术来实现。

其次，根据当地的气候、建筑的地理位置和朝向，以建筑能耗软件的计算结果为指导，选择围护结构组合优化设计方法。

最后，评估围护结构各部件与组合的技术经济可行性，以确定技术可行、经济合理的围护结构。

基于我国所处地理位置因素，在同纬度的国家中我国冬季比较严寒，夏季温度偏高，这也给我国建筑领域提出了新的要求，即加强建筑的节能保温技术的研究，满足人们宜居生活环境的需要。但由于我国对建筑节能技术等方面的研究起步较晚，许多有关建筑节能方面的理论体系和技术体系尚未健全，使得目前的多数建筑物在节能效果和保温效果方面都不尽人意，难以满足人们对和谐生活环境的要求。

通常，我国建筑领域在建筑保温方面以消耗能源实现保温为主导思想，使得我国的能源消耗较为严重，出现资源短缺问题，为了能够促使我国建筑行业的可持续发展，即满足人们对宜居生活环境需求的同时，又不过多地消耗能源，就需要我们加大对建筑节能技术的研究力度，通过引进新技术、新材料，改进建筑围护结构和保暖系统等方式来实现。

二、建筑围护结构节能技术

建筑墙体结构传热所产生的热损失较大，约占总体耗能的一半，所以为了降低建筑耗能，对建筑外围结构采取保温措施是建筑节能工作所研究的重点。一般而言，建筑围护结构节能技术包括：外墙内保温技术、夹心复合墙保温技术和外墙外保温技术。

（一）外墙内保温技术

外墙内保温技术是通过在建筑物外墙承重墙内部覆盖保温材料以起到保温节能的技术。

1. 外墙内保温的优点和缺点

（1）优点

该种施工技术工艺比较简单，对保温材料的覆盖要求相对较低，施工速度快，保温材料廉价。

（2）缺点

基于外墙内保温施工是在墙体内侧覆盖保温材料，墙体外侧部分并未覆盖保温材料，墙体外侧部分在温差影响下容易出现结露、淌水、冷凝现象。此外，用于外墙内保温的保温材料，尤其是板材在工程实践中容易出现裂缝等问题，这将降低建筑物的保温效果。

2. 外墙内保温工艺

（1）粉刷石膏聚苯板

在外墙保温施工前，应先将墙面清理干净后再粉刷石膏聚苯板。外墙内表面相邻的墙面、地面、屋顶以及门窗部位弹出控制线；按照工程设计石膏拌合比例拌制黏结石膏；按照工程设计的粘结点要求涂刷石膏在聚苯板上，粘贴石膏聚苯板应按照从下而上的顺序依次进行；粘贴石膏聚苯板前应检查墙面的垂直度和平整度，避免石膏聚苯板粘贴到墙面上出现鼓包或凹坑。在施工过程中如遇到较宽的拼接缝可采用聚苯条填充；聚苯板粘贴完后在其表面涂抹石膏砂浆。

（2）涂抹保温砂浆

保温砂浆是以胶粉和聚苯颗粒为原材料按照一定的比例掺水拌合，待砂浆拌和均匀后将其涂抹在基层墙体上，形成保护层。涂抹保温砂浆一般至少要涂抹两遍以上。待保温砂浆凝固后再涂抹一层一定厚度要求的抗裂砂浆。为了防止墙面上的保温砂浆出现开裂，可采用铁抹子在刚涂抹后的砂浆上均匀压入玻纤网格布。

（二）夹心复合墙保温技术

夹心复合墙由混凝土结构内墙、混凝土外装饰墙体、保温板以及内外墙的连接件构成。

1. 夹心复合墙保温的优缺点

（1）优点

夹心复合墙的保温材料设置在外墙中间，即可以保护保温材料，又能起到保温的作用。

（2）缺点

夹心复合墙墙体内容易产生空气对流，发生热桥现象。在保温施工中工序比较多，施工难度大，并且保受墙体内外温差影响较大，外墙容易出现温度裂缝，外墙结构整体性和稳固性下降。

2. 夹心复合墙保温的工艺要点

首先按照工艺程序将混凝土模板安装固定好，然后将饰面材料按照工程设计规范要求安放到位；按照工程设计配筋要求绑扎墙体钢筋，待钢筋绑扎完毕，对关键绑扎部位进行检查，然后将挤塑泡沫板放入墙体中，接着将保温板插入两道钢筋中间，最后混凝土浇筑成型。

（三）外墙外保温技术

外墙外保温就是在外墙的外侧设置保温隔热体系，使建筑物达到保温效果。

1. 外墙外保温的优缺点

（1）优点

外墙外保温施工技术之所以在建筑工程领域被广泛推广及应用，其主要优势在于，可以保护建筑物主体结构，延长建筑物的使用寿命；避免热桥对建筑物的影响而使建筑物墙体受潮。另外，该种施工技术和方法所投入的保温材料相对较少，经济性较强。

（2）缺点

外墙外保温对保温材料的耐候性、耐久性有比较严格的要求，所选用的保温材料必须符合外墙外保温的设计要求；同时，外墙外保温施工对保温体系的防火、抗震以及抗裂能力要求较高，需要专业素质强的施工队伍来完成。

2. 外墙外保温施工方法

外墙外保温墙体施工技术要求高，保温材料各性能指标要求严格，在施工前应严格按照工程设计要求选用施工技术及保温材料。通常保温施工是在建筑物主体结构稳定后再进行施工的,避免主体结构应力变形期发生变形影响保温施工。同时在外墙外保温施工时还需采取必要的防雨水措施,避免保温材料经雨水浸泡保温性能下降。

总之,随着节能环保理念的普及,尤其是建筑行业,节能环保理念逐渐成为主流思想,政府及企业均给予高度重视。所谓节能建筑是指在不影响建筑物整体质量的前提下,实现节能环保的目的,最大限度地节约能源,为使用者打造一个宜居的环境。

三、建筑物屋面与地面的节能设计

(一)屋面的节能设计

1. 屋面的类型

(1)屋面按其保温层所在位置分类,目前主要有:单一保温屋面、外保温屋面、内保温屋面和夹芯屋面四种类型,但目前绝大多数为外保温屋面。

(2)屋面按保温层所用材料分类,目前主要有:加气混凝土保温屋面,乳化沥青珍珠岩保温屋面,憎水型珍珠岩保温屋面,聚苯板保温屋面,水泥聚苯板保温屋面,岩棉、玻璃棉板保温屋面,浮石砂保温屋面,彩色钢板聚苯乙烯泡沫夹芯保温屋面,彩色钢板聚氨酯硬泡夹芯保温屋面等。

2. 屋面节能设计要点

(1)屋面保温层不宜选用堆密度较大、热导率较高的保温材料,以防止屋面质量、厚度过大。

(2)屋面保温层不宜选用吸水率较大的保温材料,以防止屋面湿作业时,保温层大量吸水,降低保温效果。如果选用了吸水率较高的保温材料,屋面上应设置排气孔以排除保温层内不易排出的水分。用加气混凝土块作为保温层的屋面,每 $100m^2$ 左右应设置排气孔一个。

(3)在确定屋面保温层时,应根据建筑物的使用要求,屋面的结构形式,环境气候条件,防水处理方法和施工条件等因素,经技术经济比较后确定。

(4)设计标准对屋面传热系数限值的规定见相关的设计规范。设计人员可在规范中选择屋面种类、构造和保温层厚度,使所选择的屋面传热系数小于或等于相应规定的限值,即为符合设计要求。

(5)在设计规范中没有列入的屋面,设计人员可按有关书籍提供的方法计算该屋面的传热系数,并使之小于或等于规范中规定的限值,即为符合设计要求。

3. 屋面的热工性能指标

(1)屋面的热工性能指标主要包括热惰性指标 D、热阻 R、传热系数 K。

（2）加气混凝土保温屋面热工性能指标，乳化沥青珍珠岩保温屋面热工性能指标，憎水型珍珠岩保温屋面热工性能指标，聚苯板保温屋面热工性能指标、挤塑型聚苯板保温屋面热工性能指标，水泥聚苯板保温屋面热工性能指标，岩棉、玻璃棉板保温屋面热工性能指标，浮石砂保温屋面热工性能指标，彩色钢板聚苯乙烯泡沫夹芯保温屋面热工性能指标，彩色钢板聚氨酯硬泡夹芯保温屋面热工性能指标，请参阅有关设计规范。

（二）地面的节能设计

1. 地面的分类

地面按其是否直接接触土壤分为两类：

（1）不直接接触土壤的地面，又称地板，其中又分为接触室外空气的地板和不供暖地下室上部的地板，以及底部架空的地板等。

（2）直接接触土壤的地面。

2. 地面的保温要求

（1）节能标准对地面的保温应满足相关规范要求。对于接触室外空气的地板（如骑楼、过街楼的地板），以及不供暖地下室上部的地板等，应采取保温措施，使地板的传热系数小于或等于规范中的规定值。

（2）对于直接接触土壤的非周边地面，一般不需做保温处理，其传热系数即可满足规范的要求；对于直接接触土壤的周边地面（即从外墙内侧算起2.0m范围内的地面），应采取保温措施，使地面的传热系数小于或等于$0.30W/(m^2 \cdot K)$。

第二节 供暖系统节能技术

一、供暖热源节能设计

供暖的目的就是为了提高冬季室内的舒适性，同时保证供暖的安全性。但这种舒适安全的供暖不能以无谓的能源浪费为依托。一个舒适、节能、安全的供暖系统才是合理的、正确的、高效运行的系统。要达到舒适节能的效果，必须从建筑物的围护结构和供暖系统的各个环节着手。只单纯从围护结构节能或只单纯从供暖系统节能都是不可行的，实际上，围护结构节能只是为建筑节能创造了条件，而供暖系统节能才是落实节能的关键。

供暖系统由热源（锅炉房）、热网、换热站和热用户四部分组成，供暖系统的节能也应该从这四个方面进行。本节讨论供暖热源节能设计。

热源是集中供暖的核心，主要有锅炉房、热电厂、地热供暖站等。本节所指的供暖热源指锅炉房，包括热水锅炉房和蒸汽锅炉房。锅炉房涉及的内容比较多，包括燃烧系统（风系统、烟系统、煤系统、灰系统）、水系统和控制调节系统等。在热源的设计中，主要考虑以下几个方面，以达到节能的目的。

（一）供暖规划

随着我国城市建设的不断发展和人民生活的提高，锅炉供暖的范围日益扩大。为了达到合理发展的目的，锅炉供暖规划宜与城市建设的总体规划同步进行。通过分区合理规划，逐步实现联片供暖，减少分散的小型供暖锅炉房，并且为大部分居住建筑将来和城市供暖管网相连接创造条件。

（二）锅炉选型与台数

锅炉的选型应按所需热负荷量、热负荷延续图、工作介质来选择锅炉形式、容量和台数，并应与当地长期供应的煤种相匹配。其次是按投资金额、施工进程、土地使用面积等选择组装锅炉或散装锅炉。

就锅炉产品而言，无论是水管锅炉、烟管锅炉，还是烟水管锅炉（其中包括螺纹烟管锅炉），影响锅炉负荷的重要因素是燃烧设备、炉膛结构形式及其内部的气流组织等炉子部分；对锅筒部分其受热面一般布置较充分，但冲刷是否良好，是否易积灰和保持受热面长期运行期间灰污程度较低，也是影响锅炉负荷的重要因素。

在设计中注意采用分层燃烧技术、复合燃烧技术、煤渣混烧等燃烧技术，并通过加装热管省煤器、空气预热器，改善锅炉系统的严密性，保证锅炉受热面的清洁，防止锅炉结垢，大（中）型锅炉采用计算机控制燃烧过程等措施，提高锅炉效率。

锅炉效率＝锅炉得热量/燃煤产热量

根据供暖总热负荷选用新建锅炉房的锅炉台数，建议采用2～3台。如采用1台，偶有故障就会造成全部停止供暖，有可能冻坏管道设备；而且在初寒期及末寒期，锅炉负荷率可能从我国的经济条件出发，一般供暖锅炉房不宜设置备用锅炉，供暖锅炉仅在冬季使用，在其他季节可以进行检修工作，此外，仅严寒期需要满负荷运行，而在初寒期和末寒期仅需部分锅炉投入运行，因此也有进行部分检修的余地。

设计时要考虑每一台锅炉本体应能基本保持定流量运行。若用户侧为变流量运行或变流量和定流量混合运行时，为适应锅炉侧和用户侧不同的流量特性，可采用二级泵或一级泵的系统形式，划分为锅炉侧一次水和用户侧二次水系统，不宜采用设置换热器的方式。

（三）鼓风机和引风机

为了燃料在炉内正常燃烧，所配用的鼓风机和引风机与锅炉容量以及除尘器类型等应相匹配。当风机的风量或风压过大时，都会在增加电耗的同时造成炉膛温度的降低、排烟热损失的上升、炉渣含碳量超标等不利后果，鼓风机和引风机的风量、风压及功率不宜超过规定数值。

（四）补给水

锅炉的初次充水及日后的补给水应经过合格的软化处理，以保证锅炉和供暖系统的水质。在可能条件下，宜设置锅炉给水的除氧设备。

为减少住宅建筑小区中的丢水，建议改变建筑物高点集气罐的手动放风方式，推广采用合格的自动排气阀。在自动排气阀的上游管道上，宜设置关闭阀和 Y 形过滤器以减少排气阀故障并方便检修。

（五）计量与监测仪表

锅炉房内应设有耗用燃料的计量装置和输出热量的计量装置，并对燃烧系统、鼓风机和引风机、循环水泵等设备的运行采用节能调节技术。热水锅炉房宜采用根据室外温度主动调节锅炉出水温度，同时根据压力、压差变化被动调节一次网水量的供暖调节方式。为使供暖锅炉房的运行管理走向科学化，设计中应考虑锅炉房装设必要的计量与监测仪表。

主要计量仪表有：

①总耗水量的水表。

②补给水量的水表。

③动力电表。

④照明电表。

⑤锅炉房总输出的热量计或流量计。

⑥供回水温度自动记录仪。

⑦中型以上锅炉建议设置燃煤量的计量仪。

中型以上锅炉建议设置以下参数的监测仪表：

①炉膛温度。

②炉膛压力。

③排烟温度。

④烟气成分。

⑤空气过剩系数。

⑥排烟量。

（六）连续供暖运行制度

住宅区以及其他居住建筑的供暖锅炉房应采取连续供暖运行制度。居住建筑属全天24h使用性质，要求全天的室内温度保持在舒适范围内，夜间允许室温适当下降。

(1) 按连续供暖设计和运行，可以减少锅炉的设计和运行台数（单台锅炉时可以减小锅炉容量）。间歇供暖与连续供暖的供暖设计热负荷是不相同的。因为间歇供暖时，散热器放出的热量，不仅要补充房间的耗热量，而且还要加热房间内所有已经冷却了的围护结构。而连续供暖时散热器放出的热量只要补充房间的耗热量就可以了。所以间歇供暖时所需要的预热时间的供暖量大于连续供暖的稳定热耗，因此在确定间歇供暖的热负荷时，需要有一定的间歇附加，而且间歇时间越长，附加量就要越大。这说明供暖设计热负荷与供暖运行制度是有关的，如按连续供暖设计，就可以不考虑间歇附加，因而可以节约建设初投资和占地面积。也可以减少锅炉运行台数，节约运行费用，锅炉的负荷率和效率也能提高。

从以往的供暖锅炉房设计来看，一般是按连续设计的，并未考虑间歇附加，但实际上因供暖设计热负荷偏高（如北京，多层砖混结构住宅的设计热负荷值为 $70\sim81\text{W}/\text{m}^2$，实测热负荷值仅为 $46\sim58\text{W}/\text{m}^2$），其热负荷计算中固有的"富裕量"，实际上起了间歇附加的作用。

(2) 连续供暖的锅炉可提高锅炉的运行效率。锅炉构造类型不同，一般对供暖运行制度有不同的要求，当符合要求时，锅炉运行效率会比较高。如过去常用的铸铁锅炉，因水冷程度高，炉膛燃烧温度与煤质及燃烧状况关系较大，而与烧火时间长短关系较小，只要煤层均匀，鼓风适当，锅炉的运行基本上可以达到较高的效率。而这些年来普遍采用的链条炉排锅炉和往复炉排锅炉，因炉膛内有耐火砖砌体，需要较长的预热时间才能达到较好的燃烧条件，因此最适合连续运行。

如果采用"烧6小时、停6小时"的间歇运行，因压火时间较长，一开始升温，炉膛温度很难正常，热效率不会高，而当炉膛温度正常、锅炉效率较高时，往往又该压火了。这样，由于锅炉的频繁启停，难以达到和保持稳定燃烧时的效率，对充分利用热能不利。以往复炉排热水锅炉为例，当间歇运行时，升温第一个小时的锅炉效率为57%，第二个小时为64.5%，到第三个小时稳定后，锅炉效率才稳定为76%。由此可见，对于目前常用的有砖砌体的供暖锅炉，其运行效率与供暖运行制度关系很大，最好采用连续运行制度。

(3) 连续供暖有助于提高锅炉负荷率，因而有利于提高锅炉效率。锅炉负荷率（即出力率）是指锅炉实际产热量与锅炉额定产热量之比。在实际运行中，有时单台锅炉所带的供暖面积小，或多台锅炉运行的台数过多，皆会形成"大马拉小车"，即锅炉低负荷运行，此时负荷率低，锅炉有效热量不能充分利用，因此也影响锅炉效率。这是因为，一般来讲，锅炉负荷率高，供暖面积大，燃烧的燃料就多，炉膛温度相对也高，其化学不完全燃烧热损失和炉灰含量都将减少，锅炉效率可以提高，反之亦然。这表明锅炉负荷率和锅炉效率是有关的。

（4）按连续供暖设计的室内供暖系统，其散热器的散热面积不考虑间歇因素的影响。管道流量也相应减少，因而，节约初投资和运行费。

（5）在小区中采用连续供暖运行制度可以避免远端建筑（和远端房间）的暖气"迟到现象"，保持远近建筑（和房间）受益时间的均衡。

二、室外供暖管网设计

室外供暖管网分为区域热网和小区热网。区域热网是指由区域锅炉房联合供暖的管网，小区热网是指由小区供暖锅炉房或小区换热站至各供暖建筑间的管网。室外供暖管网设计要注意以下几个问题。

（一）管网设计的水力平衡

在供暖管网中，水力失调经常会出现，后果就是各支路的流量分配不均匀，产生冷热不均。为了使不利环路建筑达到起码的舒适温度，一般有两种方法：一是加大循环泵的循环水量，结果最不利环路的流量得到了保证，但有利环路的流量会大大超过所需要的流量，不但浪费了热能，还浪费了电能；二是提高整个供暖管网的运行水温，则其他建筑的平均室温往往超过设计温度，从而造成热能的浪费。

为使室外供暖管网中通过各建筑的并联环路达到水力平衡，其主要手段是在各环路的建筑入口处设置手动（或自动）调节装置或孔板调压装置，以消除环路余压。一般关闭阀（如闸阀、截止阀、球阀等）之所以不宜作为调压之用，是因为其"流量－开启度"特性曲线呈非线性关系。为便于进行手动调节流量的阀门应具有接近线性关系的"流量－开启度"特性曲线。

可以作为手动调节装置用的产品有手动调节阀及平衡阀。平衡阀除具有调压的功能外，还可用来测定通过的流量。在初调节时通过平衡调试使各支路的流量达到设计流量的要求，即使网路的工况发生了变化，也能够将新的水量按照设计工况的比例平衡地分配，各个支路的流量同时按比例增减，仍能满足当前气候条件下的部分负荷的流量要求，也就是达到了实际需要的热平衡。

同时，为了更好地满足各支路对流量的需求，可采用通过计算机监测和指导与人工手动调节平衡阀相配合的方法实现小区供暖系统的调节和管理。通过小区管网水压图的绘制，可更精确地调节各平衡阀的开度的大小，为便于人工手动调节，希望各支路的平衡阀有较准确的开度指示。

第四章 建筑设计中的节能技术

（二）改变大流量、小温差的运行方式，提高供水温度和输送效率

目前国内供暖系统，包括一级水系统和二级水系统，普遍采用大流量、小温差的运行方式，运行的供水温度比设计供水温度低 10～20℃，循环水量增加 20%～50%，循环水泵电耗增加 50%以上，管网输送能力下降，并增加了热力站内热交换设备数量。其原因除受热源的限制不能提高供水温度外，主要是因为管网缺乏必要的控制设备，系统存在水力工况失调的问题，为保证不利用户供暖而采取的措施。因此，应该在供暖系统增加控制设备，解决水力工况失调后，将供水温度提高到设计温度或接近设计温度，以提高供暖系统的输送效率，节约能源，并为扩展用户打下基础。

（三）推广热水管道直埋技术，降低基础投资和运行费用

直埋敷设与地沟敷设比较，有节省用地、方便施工、减少工程投资（DN≤500，管径越小越明显）和维护工作量小的优点。用热导率极小的聚氨酯硬质泡沫塑料保温，热损失小于地沟敷设，尤其是长期运行后，地沟管道的保温层会产生开裂、损坏以及地沟泡水而大幅度增加热损失，而直埋管道可避免上述问题。建议在 DN500 以下管道积极推广直埋敷设。

（四）管网冲洗

室外供暖管网在施工完毕、交付使用之前，应按《建筑给水排水及采暖工程施工质量验收规范》（GB 50242－2002）中有关工程验收的规定进行通水冲洗，并做通水冲洗记录。管网冲洗工作对于避免管网施工过程中进入的泥沙杂物造成管道的局部堵塞现象十分必要，建设单位、设计单位，特别是施工单位应予高度重视。

在室外供暖管网进行通水冲洗的基础上，在管网接入每幢建筑物的供水管上设置除污器，有助于避免污物被带入室内供暖系统，对于保证供暖效果有利，值得推荐。

（五）管网保温

室外供暖管网的保温是供暖工程中十分重要的组成部分。供暖的供回水干管从锅炉房通往各供暖建筑的室外管道，通常埋设于通行式、半通行式或不通行管沟内，也有直接埋设于土层内或露明于室外空气中等做法。这部分管道的散热纯属热量的丢失，从而增加了锅炉的

供暖负荷。为节能起见，应使室外供暖管网的输送效率达到 90%以上。
输送效率＝供暖建筑总得热量/锅炉总输出热量

供暖管道的保温厚度应按《设备及管道绝热设计导则》（GB/T 8175－2008）中经济厚度的计算公式确定。

（六）推广管道充水保护技术，防止管道腐蚀

国内部分非常年运行的供暖系统，采取夏季放水检修、冬季投产前充水的做法。由于系统放水后不及时充水，空气进入管道而造成管内壁腐蚀。所以非常年运行的供暖系统应在夏季检修后及时充满符合水质要求的水，既可省去管道投入运行时的充水准备时间，又可防止管内壁腐蚀。

第三节　空调系统节能技术

一、空调系统节能方案设计流程

第1步：熟悉设计建筑物的原始设计资料。其包括：建设方提供的文件、建筑用途及其工艺要求、设计任务书、建筑作业图等。

第2步：资料调研。其包括：查阅相关设计资料（手册、规范、标准、措施等），收集相关设备与材料的产品。

第3步：确定室内外设计气象参数。根据设计建筑物所处地区，查取室外空气冬、夏季气象设计参数；根据设计建筑物的使用功能，确定室内空气冬、夏季设计参数。

第4步：确定设计建筑物的建筑热工参数及其他参数。根据建筑物的外围护结构的构成，计算外墙、屋面、外门、外窗的传热系数等参数；根据建筑物的内围护结构的构成，计算内墙、楼板、外门、外窗的传热系数等参数；根据建筑物的使用功能，确定灯光负荷、设备负荷、工作时间段等参数。

第5步：空调热、湿负荷计算。计算设计建筑物在最不利条件下的空调热、湿负荷（余热及余湿）；进行建筑节能方案比较，确定合理的空调热、湿负荷。

第6步：确定最佳空调方案。通过技术经济比较，选择并确定适合所设计建筑物的空调系统方式、冷热源方式以及空调系统控制方式。

第7步：送风量与气流组织计算。根据计算的空调热、湿负荷以及送风温差，确定冬、夏季送风状态和送风量；根据设计建筑物的工作环境要求，计算确定最小新风量；根据空调方式及计算的送、回风量，确定送、回风口形式，布置送、回风口，进行气流组织设计。

第8步：空调水、风系统设计。布置空调风管道，进行风道系统的水力计算，确定管径、阻力等；布置空调水管道，进行水管路系统的水力计算，确定管径、阻力等。

第9步：主要空调设备的设计选型。根据空调系统的空气处理方案，进行空调设备选型设计计算；确定空气处理设备的容量（热负荷）及送风量，确定表面式换热器的结构形式及其热工参数；根据风道系统的水力计算，确定风机的流量、风压及型号。

第10步：防、排烟系统设计。

第11步：冷、热源机房设计。根据空气处理设备的容量，确定冷源（制冷机）或热源（锅炉）的容量及型号；根据管路系统的水力计算，确定水泵的流量、扬程及型号。

第12步：空调设备及其管道的保冷与保温、消声与隔振设计。第13步：工程图纸绘制与空调热、湿负荷计算。

空调负荷可以分为空调房间或区域内的负荷和系统负荷两种：空调房间或区域负荷即为直接发生在空调房间或区域内的负荷；还有一些发生在空调房间或区域以外的负荷，如新风负荷（新风状态与室内空气状态不同而产生的负荷）、管道温升（降）负荷（风管或水管传热造成的负荷）、风机温升负荷（空气通过通风机后的温升）、水泵温升负荷（液体通过水泵后的温升）等，这些负荷不直接作用于室内，但最终也要由空调系统来承担。将以上直接发生在空调房间或区域内的负荷和不直接作用于空调房间或区域内的附加负荷合在一起就称为系统负荷。

通常，根据空调房间或区域的热、湿负荷确定空调系统的送风量或送风参数；根据系统负荷选择风机盘管、新风机组、空气处理器等空气处理设备和制冷机、锅炉等冷、热源设备。因此，设计一个空调系统，第一步要做的工作就是计算空调房间或区域的热、湿负荷。

空调房间或区域内外附加负荷的计算方法如下：

①风机温升负荷：当电动机安装在通风机蜗壳内时，空气在通过风机后，由于电动机的机械摩擦发热，空气通过通风机后温度升高，引起冷负荷增加。

②水泵温升负荷：空调冷冻水通过水泵后温度升高，引起冷负荷增加。

③空气管道温升负荷：空气通过送、回风管道时，由于送、回风管道受风管的保温情况、内外温差、空气流速、风管面积等因素的影响，将通过风管壁散失热量或冷量，通过风管的空气温降（或温升）。保温的冷水（或热水）管道，也会由于管壁的传热导致通过管道的液体温升（或温降），引起冷（或热）负荷增加。

④新风负荷：为了保证空调房间或区域内的卫生条件，需要将室外新风送入室内，由于室内外温差的影响，这部分新风要引起冷（或热）负荷增加。

空调区的夏季系统冷负荷，应当根据所服务空调区的使用情况、空调系统的类型及调节方式，按各空调区逐时冷负荷的综合最大值或各空调区夏季冷负荷的累计值确定，并应计入各项有关的附加负荷。

所谓各空调区逐时冷负荷的综合最大值是，将同时使用的各空调区逐时负荷相加，在得出的数列中取最大值。

所谓空调区夏季冷负荷的累计值是，直接将各空调区逐时冷负荷的最大值相加，不考虑它们是否同时使用。

显然采用"空调区夏季冷负荷的累计值"法计算的结果要大于"各空调区逐时冷负荷的综合最大值"法计算的结果。通常，当采用变风量集中式空调系统时，由于系统本身具有适应各空调区冷负荷变化的调节能力，即可采用前一种计算方法；当采用定风量集中式空调系统或末端设备室温控制装置的风机盘管系统时，由于系统本身不能适应各空调区冷负荷的变化，可采用后一种计算方法。

二、常用空调系统的特点、设计方法及比较

空调系统一般由空气处理设备和空气输送管道以及空气分配装置组成。根据需要，可以组成许多不同形式的系统。工程中常用到的空调系统形式有一次回风空调系统、变风量（VAV）空调系统、风机盘管＋新风空调系统、水环热泵空调系统等。

（一）一次回风空调系统

一次回风空调系统在空气处理过程中，大多数场合需要利用一部分回风。在过渡季节，应当加大新风量的比例，有利于节能；但在夏季和冬季，则应提高回风量的比例，减少新风量的比例，这样系统运行就越经济。但实际上，为了卫生要求，不能无限制地减少新风量。空调系统设计时，通常取满足卫生要求、满足补充局部排风的要求、保持空调房间正压要求这三项中的最大者作为系统新风量的计算值。此外，对于绝大多数空调系统来说，当得出的新风量不足总风量的10％时，也按10％确定。

（二）变风量空调系统

这种系统的工作原理是当空调房间负荷发生变化时，系统末端装置自动调节送入房间的送风量，确保房间温度保持在设计范围内，从而使得空调机组在低负荷时的送风量下降，空调机组的送风机转速也随之降低，达到节能的目的。

（三）风机盘管＋新风空调系统

风机盘管＋新风空调系统是空气－水空调系统中的一种主要形式，顾名思义它可分为两部分：一是按房间分别设置的风机盘管机组，其作用是担负空调

房间内的冷、热负荷；二是新风系统，通常新风经过冷、热处理，以满足室内卫生要求。

1. 风机盘管机组的形式

按空气流程形式分，风机位于盘管下风侧，空气先经盘管处理后，由风机送入空调房间的吸入式；风机处于盘管的上风侧，风机把室内空气抽入，压送至盘管进行冷、热交换，然后送入空调房间的压出式。吸入式的特点是：盘管进风均匀，冷、热效率相对较高，但盘管供热水的水温不能太高；而压出式是目前使用最为广泛的一种结构形式。

按安装形式分，有立式明装、卧式明装、立式暗装、卧式暗装、吸顶式（又称嵌入式）。

2. 风机盘管＋新风空调系统的空气处理过程

新风与风机盘管各自送风至空调房间。这种方式是即使风机盘管机组停止运行，新风仍将保持不变。

新风在风机盘管的出风口处（压出端）混合。这种方式无须设置专门的新风口，对吊顶布置较有利；当风机盘管机组运行时，要求新风提高在该处的压力。

新风与风机盘管回风混合后送入空调房间。这种方式与上述两种方式比较，房间换气次数略有减少；当风机盘管机组停止运行时，新风量有所减少。

3. 风机盘管机组的选择原则

风机盘管机组的选择原则需根据使用要求和平面布置选择适当的机型。

根据冷、热负荷计算结果，选择合适的机组规格，一般按夏季冷负荷选择风机盘管机组。

根据房间冷负荷，按中档时的供冷量来选择型号，并校核冬季加热量是否能满足房间供热要求。

结合实际使用工况，对机组标准工况下的制冷量和制热量进行修正，使所选机组的实际冷、热量接近或大于计算冷、热量。

注意机组机外余压值。注意机组噪声值，合理选择消声措施。

（四）水环热泵空调系统

水环热泵空调系统是全水空调系统的一种形式。

水环热泵也称为水－空气热泵，其载热介质为水。制冷时，机组向环路内的水放热，使空气温度降低；供热时则从水中取得热量加热空气。

水环热泵机组在制冷工况运行时，水环热泵机组内置压缩机把低压低温冷媒蒸气压缩成为高温冷媒气体进入冷凝器，在冷凝器中通过水的冷却作用使冷媒冷凝成高压液体，经节流装置（膨胀阀）节流膨胀后进入蒸发器，从而对通过水环热泵机组的空气进行冷却。

水环热泵机组在制热工况运行时，机组系统方式同制冷工况，不同的是，制热时通过四通阀的切换，使制冷工况时的冷凝器变为蒸发器，而制冷工况时的蒸发器变成冷凝器。机组通过蒸发器吸收水中的热量，由冷凝器向通过水环热泵机组的空气放热，达到加热空气的目的。

三、送风量与气流组织

气流组织设计的任务是合理地组织室内空气的流动，使室内工作区空气的温度、相对湿度、速度和洁净度能更好地满足工艺要求以及人们的舒适性要求。

（一）送风量

空气调节系统的送风量应能消除室内最大余热余湿，通常按夏季最大的室内冷负荷计算确定。

送风温差是确定送风状态和计算送风量的关键参数。送风温差选择得大，送风量就会小，处理空气和输送空气所需设备也会要求相应小，从而可以使初投资和长期运行费用减小。但送风温差过大，送风量过小时，将会影响室内气流组织的分布，导致室内温度和湿度分布的均匀性和稳定性受到影响。

在满足舒适条件下，应尽量加大空调系统的夏季送风温差，但不宜超过下列数值：送风高度小于等于5m时，不超过10℃；送风高度大于5m时，不超过15℃；送风高度大于10m时，按射流理论计算确定；当采用顶部送风（非散流器）时，送风温差应按射流理论计算确定。

空调系统的新风量不应小于总送风量的10%，且不应小于下列两项风量中的较大值：补偿排风和保持室内正压所需的新风量；保证各房间每人每小时所需的新风量。

（二）常用气流组织的形式及其选择

空调区的气流组织，应根据建筑物的用途，满足对空调区内设计温湿度及其精度、工作区允许的气流速度、噪声标准、空气质量、室内温度梯度及空气分布特性指标（ADPI）的要求；气流分布均匀，避免产生短路及死角；结合建筑物特点、内部装修、工艺（含设备散热因素）或家具布置等进行设计、计算。

空调房间人员活动区的气流速度不宜过大，并考虑室内活动区的允许速度与室内空气温度之间的关系。

空调房间的主要送风形式：百叶风口或条缝形风口侧送；散流器、孔板或条缝形风口顶送；地板散流器下送；喷口送风。

百叶风口或条缝形风口侧送：根据空调房间的特点，送、回风口可以布置成单侧上送上回、单侧上送下回、双侧上送上回、双侧上送下回、单侧上送、走廊回风等多种形式。

①仅为夏季降温服务的空调系统，且空调房间层高较低时，可采用上送上回方式。

②以冬季送热风为主的空调系统，且空调房间层高较低时，宜采用上送下回方式。

③全年使用的空调系统，一般应根据气流组织计算来确定采用哪种方式。

④层高较低、进深较大的空调房间，宜采用单侧或双侧送风、贴附射流。散流器、孔板或条缝形风口顶送：层高较低、有吊顶或技术夹层可利用时，

可采用圆形、方形和条缝形散流器顶送；要求较高时，可采用送风孔板和条缝形风口等结合建筑装饰均匀顶送。

地板散流器下送：层高很高、进深很大的空调房间，可采用地板散流器下送。

喷口送风：高大空间的空调场所，如会堂、体育馆、影剧院等，可采用喷口侧送或顶送。

(三) 气流组织的计算方法

气流组织计算的任务是选择气流分布的形式，确定送风口的形式、数目和尺寸，使工作区的风速和温差满足设计要求。

四、空调水、风系统的设计原则及其计算

一般舒适性空调冷水供/回水温度为7℃/12℃；热水供/回水温度为60℃/50℃；蓄冷大温差低温送水冷水温度一般为1～5℃；蓄冷时供/回水温度为2℃/13℃；区域供冷水供/回水温度为5℃/13℃

(一) 常用空调水系统的划分

按水压特性划分，可分为开式系统和闭式系统；按冷、热水管道方式划分，可分为二管制系统、三管制系统和四管制系统；按各末端设备的水流程划分，可分为同程式系统和异程式系统；按水量特性划分，可分为定水量系统和变水量系统；按水的性质划分，可分为冷冻水系统、冷却水系统和热水系统。

(二) 风管系统的设计计算

在进行风管系统的设计计算前，先确定各送（回）风点的位置及其风量、管道系统、相关设备的布置、风管材料等。设计计算的目的是：确定各管段的管径（或断面尺寸）和压力损失，保证系统内达到要求的风量分配，并为风机选择和施工图绘制提供依据。

风管系统水力计算的方法：假定流速法、压损平均法、当量压损法、静压复得法等。在一般的风管设计计算中，较为普遍的方法是假定流速法和压损平均法。

基本设计计算步骤系统管段编号。一般从距风机最远的一段开始，由远而近顺序编号；通常以风量和风速不变的风管为同管段；局部管件（如弯头、三通、送风口、回风口等）含在管段内。

管道压力损失计算。压力损失计算应从最不利的环路（距风机最远点）开始。

管路压力损失平衡计算。一般的空调通风系统要求两支管的压力损失差不超过15%。

当并联支管的压力损失差超过上述规定时，可通过调整支管管径；增大压力损失小的那段支管的流量；调节阀门的开度，增大压力损失小的那段支管的压力损失等方法进行压力平衡。

风机选择要选用低噪声风机，考虑风机消声的同时，不仅要达到室内噪声标准，而且室外进、排风处的噪声也要满足环保的要求；选择风机时，风量、风压富裕量不应过大；根据运行工况，确定经济合理的台数；有条件时可采用变频风机，以减少运行费用。

风机的风量除应满足计算风量外，还应增加一定的管道漏风量，漏风附加率小于10%。在管网计算时，不考虑风管的漏风量。

风机的压力附加。风机的全压为系统管网的总压力损失，通常空调通风系统的管网总压力损失考虑10%左右的附加值。

五、施工图图纸深度要求

（一）平面图

平面图应绘出建筑轮廓、主要轴线号、轴线尺寸、室内外地面标高、房间名称。首层平面图上应绘出指北针。

采暖平面图应绘出散热器位置，注明片数或长度以及采暖干管及立管位置、编号，注明干管管径及标高、坡度。

通风、空调平面图应用双线绘出风管，单线绘出空调冷热水、凝结水等管道。图纸应标注风管尺寸、标高及风口尺寸（圆形风管注明管径、矩形，风管注明宽×高），还应标注水管管径及标高以及各种设备及风口安装的定位尺寸和编号，还应注明消声器、调节阀、防火阀等各种部件位置及风管、风口的气流方向。

（二）大样详图

大样详图表示采暖、通风、空调、制冷系统的各种设备及零部件施工安装做法，当采用标准图集时，应注明采用的图集，通用图的图名、图号及页码。凡无现成图纸可选，且需要交代设计意图时，需绘制详图。简单的详图，可就图上引出，在该图空白处绘制。制作设备、管件等详图或安装复杂的详图应单独绘制。

（三）系统图或立管图

系统图或立管图能表现出系统与空间的关系，又称为透视图。当平面图不能表示清楚时应绘制透视图，比例宜与平面图一致，按 45°角或 30°角轴测投影绘制。多层、高层建筑的集中采暖系统，可绘制采暖立管图，并应进行编号。图纸应注明管径、坡向、标高、散热器型号和数量等。空调的供冷、供热分支水路采用竖向输送时，也应绘制立管图，并编号，还需注明管径、坡向、标高及空调器的型号等。

（四）剖面图或局部剖面图

剖面图或局部剖面图显示风管或管道与设备连接交叉复杂的部位关系。图中应表示出风管、水管、风口、设备等与建筑梁、板、柱及地面的尺寸关系以及注明风管、风口、水管等的定位尺寸和标高、气流方向及详图索引编号。

六、空调、制冷机房设计

（一）平面图

通风、空调、制冷机房的平面图，应根据需要增大比例，使图面能够将设计内容表述清楚，应绘出冷水机组、新风机组、空调器、循环水泵、冷却水泵、通风机、消声器、水箱、冷却塔等通风、空调、制冷设备的轮廓位置及设备编号，注明设备和基础距离墙或轴线的尺寸，绘出连接设备的风管、水管位置及走向，注明尺寸、管径、标高。标注出机房内所有设备和各种仪表、阀门、柔性短管、过滤器等管道附件的位置。

通风、空调、制冷机房剖面图用于表达复杂管道的相对关系及竖向位置关系，绘制时应标出机房平面图的设备、设备基础、管道和附件的竖向位置、竖向尺寸和标高。图中还应标注连接设备的管道位置、尺寸、设备和附件编号以及详图索引编号等。

（二）系统流程图

复杂系统的管道连接关系应绘制系统流程图表示，对于热力、制冷、空调冷热水系统及复杂的风系统也应绘制系统流程图，并在流程图上绘制出设备、阀门、控制仪表、配件的前后关系，标注出介质流向、管径及设备编号等。流程图可不按比例绘制,但管路分支应与平面图相符。

(三) 控制原理图

控制原理图表明系统的控制要求和必要的控制参数,当空调、制冷系统有监测与控制时,应有控制原理图,图中以图例绘出设备、传感器及控制元件位置,说明系统的控制要求和必要的控制参数。

第五章 智能建筑的节能环保优化设计

第一节 多智能 Agent 下智能建筑优化设计分析

一、住宅建筑设计中绿色节能理念的应用研究

近年来，为了实现社会的可持续发展，绿色节能理念在建筑行业已得到普遍认可和推广，相应地绿色建筑的评价标准也越来越受到重视。从一个项目的规划之初，到方案的深化设计，再到最后的建设运营，建筑师都应当在各环节将绿色节能的理念贯穿其中，并结合实际应用，从而实现更低的能耗和更低的污染，降低对资源不必要的浪费。

（一）绿色节能建筑简述

绿色节能建筑就是在给人类提供舒适、健康和安全的生活空间的基础上，在建筑的生命周期当中对能源加以高效利用，减少对环境造成污染的一类建筑物。在对建筑实施建造和应用的过程当中利用各种措施对能源加以高效节约，实现跟周边环境达到和谐共处的状态。绿色节能建筑主要是将高效利用资源作为核心，将环境的保护作为基本原则，继而追求高效、高环保以及低能耗的状态，实现建筑工程在质量、效益、安全以及环保等方面的综合效益最大化。

（二）在住宅建筑中应用绿色节能理念的原则

1. 整体性

在对建筑工程加以设计的时候，把建筑和生态环境当成一个有机的整体，确保建筑设计与人文和生态环境之间的协调，要融合建筑所在地的风土人情，讲究因地制宜。例如，根据当地的生活习惯对住宅的朝向、日照、通风等进行设计，在对原材料进行选用的时候可以就地取材，体现出建筑所蕴含的特色和文化。

2. 宜居性

随着人们生活水平的日益提高，对住宅宜居性的要求也越来越全面，住宅

建筑作为人们长时间生活休息的场所，一旦因为出现建筑质量或节能问题而进行改造，势必都将对人的正常生活产生影响。而绿色节能理念在住宅工程中的应用，实现了在对建筑加以设计的时候充分地考虑到人性化，注重对降温采暖、采光和通风等问题的全面考虑。做好对生活污水和垃圾的高效处理，将非常有利于人们塑造更为舒适的生活环境，从而使建筑能被最长久地利用，减少后期不必要的改造。

3. 节能性

住宅所呈现的节能性应该说是未来建筑设计发展的一个重要方向。在对住宅使用能源加以设计的时候，应该尽量去选用那些可再生的资源，如太阳能和风能等。而在对建筑外墙加以设计的时候，应该选用节能效果较好的保温材料，把环境污染和能源浪费降到最低。

（三）住宅建筑节能设计的对策

1. 整体规划布局

（1）高层风害

如今，出于节约用地的考虑，住宅用地的容积率普遍较高，住宅建筑多为高层建筑乃至超高层建筑，节约用地是绿色建筑的一项重要指标，但随之而来的问题是，很多城市出现了高层建筑"扎堆"的现象，这就使得风害的问题越来越突出。为使这种情况出现的概率降低，应该对建筑间距加以充分的考虑，两栋建筑之间的距离在满足基本日照、退距的要求下，还要考虑地表风速的影响。除了建筑间距之外，还应该在地表种植各种植被，实现风速的降低。

（2）热岛效应

热岛效应是指现代建筑高层化的趋势，使得城市中央的气温较高，而周边郊区的气温却较低的现象。市中心气温的偏高不但会影响到天气，对市内的热环境以及大气层也会造成一定的恶劣影响，对我国秉承的可持续发展战略十分不利。这就需要建筑设计人员在设计总图的时候，充分考虑绿化布局，同时还可增设水景景观，设置底层架空，把住宅区外部的围墙设计成栅栏式通风等，加速空气流通，从而使住宅区域所呈现的热岛效应减弱。

2. 体型设计

有的业主为了追求住宅外立面的视觉冲击，或是一些个性化的住宅户型，将建筑的体型设计得比较复杂，大大增加了体型系数，这与绿色节能和环保的原则是相互冲突的。体型系数越大，对资源消耗的程度就越大，所显现出的节能效果也就越不理想，一个良好的体型系数，是建筑节能的基石，只有控制住了体型系数，才可以配合后期的节能手段，将节能效果加以充分地发挥。

所以，设计师在对住宅建筑的施工方案加以设计的时候，追求建筑的美观固然重要，但对体型系数的控制也是必不可少的，还应该对工程所处地域的气候特点，以及周边的环境特征加以较为全面的调查和分析，综合考虑建筑所呈现的体型系数，以及当地常年风向和风速等方面的因素。在进行住宅设计时，使建筑体型系数实现降低的方式有以下几种：一是建筑层数的增加；二是调整标准层户型，使户型尽量规整，避免出现外墙有大量的凹凸，尤其是大进深的凹凸变化；三是竖向上确保建筑在体型方面的统一，在设计跃层、复式等户型时，尽量避免上下层之间体型上的突变；四是对于板式住宅，应在合理范围内尽量加大进深，减小宽度。

3. 室内环境设计

随着现代高新科技的应用，住宅室内环境的调节方式越来越多样，随之而来的能耗使用也越来越大。一个良好的日照和自然通风条件，能够降低空调地暖等温控设备的应用，继而实现能源消耗的降低。要达到这个目的，主要通过住宅的朝向和户型设计来解决。我国大部分地区住宅朝向都以南偏东 15°至南偏西 15°之间为主，但有一些地区如四川、广东等，属于常年日照时间较少或是处于纬度较低太阳辐射充足的地区，则住宅朝向南偏东或南偏西的角度可更大，在设计时应根据不同地区的气候进行朝向设计。此外，在户型设计上，南北方向上越是通透，室内所呈现的通风效果也就越好，对夏天住宅围护结构的散热和空气质量的提升十分有利。如常见的两梯三户或两梯四户户型，因为核心筒设置关系，往往中间套无法做到南北通透，可通过调整核心筒位置，通过设置连廊、天井等，增加中间套的北向采光面，从而达到南北通透的目的。

4. 节水设计

在对住宅建筑加以设计的过程当中，水资源的回收设计具有非常大的意义。可以利用雨水收集、景观水收集以及地面水收集的形式对水资源加以再次利用，保证住宅供水质量的同时有效地避免了由于地表径流过量而形成的次生灾害。一般住宅小区内常用的节水设计技术措施有：人行道和地面停车铺设透水砖与植草砖，利用小区内景观水体作为雨水回收的蓄水设施，路面增设雨水口加强雨水收集等。

二、多智能 Agent 技术概述

（一）研究背景概述

工业耗能、交通耗能和建筑耗能被称为我国能源消耗的三大"猛虎"，尤其是建筑能耗伴随着建筑总量的不断攀升和人们对环境舒适度要求的提升，呈急剧上扬趋势，而且建筑能耗已经占了我国能源总消耗的40%以上。

建筑节能是人类社会发展的必然趋势，是我们国家改革和发展的迫切要求，也是21世纪我国建筑事业发展的一个重点和热点。我们要大力提倡节约能源、资源的生产方式和消费方式，在全社会形成节约意识和风气，加快建设节约型社会。在研究经济工作的高层会议上，中央领导多次强调要大力发展"节能省地型"住宅。由此可见，建筑节能工作在当前我国建设节约型社会中已经是举足轻重、刻不容缓。

随着计算机技术和网络化技术的发展，以及人们对生活、工作环境舒适度要求的不断提升，集成了信息设施系统、信息化应用系统、建筑设备管理系统、公共安全系统的智能建筑应运而生。自第一座智能建筑问世以来，智能建筑技术经历了两代的发展，目前国际上正在进行第三代智能建筑产品的研究。虽然智能建筑技术的发展为人们提供了安全、舒适、方便、节能的学习和工作环境，而且能够完成一些人们需要的复杂任务，但是它仍然存在很多的问题。

（二）智能Agent定义及基本特性

智能Agent是人工智能领域中一个很重要的概念，但是仁者见仁、智者见智，所以要对智能Agent下个准确的定义并不是件很简单的事情。分布式人工智能和分布式计算领域的专家与学者争论了很多年，至今没有给出统一的定义。广义上讲，只要是能够感知周围环境并与周围环境有交互且有独立思想的任何实体都可以定义为智能Agent。目前对智能Agent的定义常见的主要有以下几种情况。

智能Agent技术标准化组织如此定义智能Agent："智能Agent是存在于环境中的实体，它可以感知周围的环境信息并能够解释从环境中获得的数据，能够执行行动并对环境产生影响。"此定义中，智能Agent被看作一种实体，它既可以是硬件也可以是软件。

著名智能Agent理论研究美国学者伍尔德里奇（Wooldridge）博士等在讨论智能Agent时，则给出了智能Agent的两种定义方法：一种是"弱定义"，另一种是"强定义"。在"弱定义"中，只要具有社会性、自主性、反应性和能动性等基本特性的实体都可以定义为智能Agent；"强定义"智能Agent是指不仅具有"弱定义"中的基本特性，还要具有通信能力、理性、移动性或其他特性的智能Agent。

著名人工智能学者、美国斯坦福大学的学者认为："智能Agent是种能够持续执行三项功能的个体：感知环境中的动态条件；能够进行推理以解释感知信息、求解问题、产生推断和决定动作。"

美国智能Agent研究的先行者则认为，具有自治或自主能力的智能Agent是指那些存在于复杂动态环境之中，能够自治地感知环境信息，自主采取行动，并实现系列预先设定的目标或任务的计算系统。

对以上的定义进行归纳和总结，不难发现智能 Agent 具有下列基本特性：

①自治性：智能 Agent 的自治性主要表现在它能够根据外界环境的变化，自动地调整自己的行为和状态，对自我进行管理和调节而不是仅仅被动地接收外界的刺激。

②反应性：智能 Agent 能够对外界的刺激做出反应。

③主动性：当外界环境发生改变时，智能 Agent 能主动地采取行动来应对当前环境的变化。

④社会性：智能 Agent 具有与其他智能 Agent 进行合作的能力，智能 Agent 根据自身的意图与其他相关的智能 Agent 进行交互和合作获取有用信息以达到解决问题的目的。

⑤进化性：智能 Agent 具有积累或学习经验和知识的能力，当环境改变时它能够根据自己的知识库而修改行为以适应新环境。

（三）多智能 Agent 系统定义及其特性

多智能 Agent 系统由多个自主或半自主的智能 Agent 组成，每个智能 Agent 都有各自的分工或职责；通过与其他的智能 Agent 通信获取信息互相协作来共同完成整个问题的求解。多智能 Agent 理论研究的核心内容主要集中在多智能 Agent 体系结构和智能 Agent 之间相互协作机制的研究等问题上。多智能 Agent 系统的目标就是将复杂的难以解决的系统进行分解，化为简单的、易于理解的相互之间可以协作的子系统；通过子系统之间的协作与相互通信将复杂任务进行分解，各个子系统之间既相互独立又彼此联系充分体现了多智能 Agent 系统互相协作和分而治之的基本特征。虽然国际上从开始研究多智能 Agent 至今时间很短暂，但是多智能系统的研究发展却是相当迅速的。

虽然单个的智能 Agent 自身具有解决不同问题的能力，也有其自身的智能算法，但是单个智能 Agent 的能力毕竟有限，不能从整体上对复杂问题进行把握。多智能 Agent 系统的优势首先在于通过 Agent 之间的通信，能够获得完整的系统数据并从系统整体出发开发出更多的规则和完善的求解方法，同时获得处理不确定问题的能力。Agent 处于由多个 Agent 构成的环境中，通过 Agent 语言与其他 Agent 实现交互和通信。其次多智能 Agent 系统中各个 Agent 之间可以相互协作。通过多智能 Agent 之间的协作和交互可以更好地解决任务，实现信息和知识库的共享，提高单个 Agent 处理和解决问题的能力。在多智能 Agent 系统中当一个 Agent 发出协作请求后，其他 Agent 会先判断自己是否具备解决此问题的能力，只有自身有能力提供此服务以及对此服务感兴趣时才能接受协作请求。正是由于多智能 Agent 系统的分布性、自主性、协调性以及较强的组织能力、学习能力和推理能力，多智能 Agent 系统在解决实际应用问题时具有很好的可靠性和鲁棒性。多智能Agent系统在人工智能频域是个热点，不同行业的专家学者都对多智能Agent系统产生了浓厚的兴趣并进行了深入的研究。总结和归纳多智能Agent系统的特点主要有以下几点：

①在多智能Agent系统中，每个智能Agent都是一个具有独立性和自主性的个体，有能力独立解决给定的子问题，自主地推理和规划并选择适当的策略，并以特定的方式影响环境。

②多智能Agent系统中的Agent都是分布式的，具有良好的模块性并且易于扩展。单个Agent的设计比较灵活简单。

③对于多智能Agent系统的实现，并不是单纯地追求系统的复杂性和庞大性，而是按照实际需求面向对象来构造多元化和特定功能的智能Agent，从而降低单个Agent的结构复杂性。

④多智能Agent系统是一个相互协调的系统，各Agent通过相互协作来解决大规模的复杂问题。多智能Agent系统同时也是一个集中管理系统，通过信息集成技术，将各Agent组成的子系统的信息集成在一起。

⑤在多智能Agent系统中，各Agent之间互相通信。彼此协调，并行地求解问题，因此能有效地提高问题求解的能力。

⑥多智能Agent技术在人工智能领域中的突破是没有专家系统的限制，在MAS环境中，通过多智能Agent之间的协作求解单个智能Agent无法解决或无法很好解决的问题，提高系统解决问题的能力。

⑦在多智能Agent系统中，各个Agent是异质的和分布的。它们可以是不同的个人或组织，采用不同的设计方法和开发语言，因而可以是完全异质和分布的。

⑧单个Agent处理和解决问题的进程是异步的。由于各Agent是自治的，所以每个Agent都有自己的进程，按照自己的方式异步地进行。

目前MAS已经广泛地应用于智能机器人、交通控制、柔性制造、协调专家系统、分布式预测、监控及诊断、分布式智能决策、软件开发、商业管理、办公自动化、网络化计算机辅助教学及医疗和控制等各个领域，正是由于多智能Agent系统的诸多优点使得MAS在各个领域的应用稳步前进。

（四）多智能Agent系统功能结构设计与实现

1. 人员Agent

对人员身份的识别目前有两种技术：一种是接触式的识别技术；另一种是非接触式的识别技术。接触式的识别技术需要人员把自己的ID卡片与识别装置相接触，如目前用到的员工打卡机以及公交车的IC卡等识别装置。对于非接触式的识别技术目前大多采用的是射频识别技术，它通过识别人员身份的射频信号来辨识目标对象,身份的识别不需要人工干预。射频识别技术通过识别无线的射频信号实现对目标的控制、检测和跟踪,它能够识别高速运动的物体并可同时识别多个目标对象。射频识别技术按应用频率的不同可分为低频、高频、超高频和微波四个不同的工作频段,低频是工作频率在135kHz以下,高频是工作频率为13.56MHz,超高频是指工作频率在860~960MHz,微波是工作频率为2.4GHz。射频识别技术按照供电方式的不同又可以分为无源射频识别技术、有源射频识别技术,以及半有源射频识别技术。无源射频识别技术不需要外置的电源进行供电而有源射频识别技术需要电池进行供电,在射频识别卡不工作的时候设备处于休眠状态,有源射频识别技术可以提供更远的读写距离但成本也相应地比无源的要高一些。

人员 Agent 的主控制芯片是 ATmega64,射频芯片为 UM2455。UM2455 是一款低成本、低功耗、高集成度的无线收发芯片,它主要针对 ISM 频段 (2.405~2.4835 GHz) 的短距离通信以及控制。UM2455 芯片采用先进的 0.18RFCMOS 工艺,内部集成有发射机、频率合成器、接收机、DSSS 基带、MAC 调制解调器等主要部件。DSSS 调制解调器的传输速率可选,根据实际的需要可以选择 250 Kbps 或 625 Kbps。UM2455 底层硬件支持收发数据缓冲 (TX/RX FIFO)、防碰撞机制 (CSMA-CA)、加密机制 (Security Engine)、空闲信道评估 (Clear Channel Assessment)、链路质量指示 (Link Quality Indication)、外部 MCU 或寄存器睡眠唤醒等功能。MCU 可通过 SPI 口控制 UM2455 工作参数以及 128 字节发送接收。

2. 环境 Agent

环境 Agent 集成了光照度传感器、温湿度传感器、热释电红外传感装置或是红外对射计数装置、二氧化碳浓度传感器以及根据需要扩展的其他类型的传感器,主要采集建筑内外的环境温度、湿度、光照度、红外传感信息、二氧化碳浓度、人员身份信息。其中对温湿度、光照度等信息的收集主要是通过集成传感器来感知房间的环境,以便为建筑内人员提供舒适的环境;而对于人员身份信息的收集主要是通过无线通信的收发设备——射频收发器来接收人员身份信息。对于安装在房间内的环境 Agent,其上的热释电红外传感装置主要用来感知房间内是否有人。安装在建筑出入口处的红外对射计数装置主要对进出建筑物的人员个数进行统计。

(1) 红外人体运动传感信息处理装置

热释电红外传感器可探测人体辐射的红外能量,实现在探测范围内对运动人体的检测。它以非接触形式检测出人体辐射的红外线能量的变化,并将其转换成电压信号输出。红外传感器电路接入电压比较器,当人体进入检测区域时电压比较器就输出高电平,否则输出低电平。目前基于热释电红外传感器的运动人体探测技术已经广泛地应用于入侵防范、照明自动控制、电梯节能控制等系统中。在检测到没有人的情况下时关闭房间内的灯;当无人进入检测区时,电梯不运转;当人要乘电梯进入检测区时,电梯开动载人上楼;当把人送上楼后若无人上电梯,则电梯停止运转。这些都是热释电红外传感器的典型应用。

热释电红外传感器由三部分组成,分别是敏感元件、阻抗变换器和滤光窗。对于不同的厂家生产的热释电红外传感器,敏感元件的制造材料也各不相同。一般的敏感元件由高热电系数的铁钛酸铅汞陶瓷或钽酸锂、硫酸三甘铁等组成。当敏感元件周围的环境温度发生变化时这些敏感元件就会极化,极化的结果就是敏感元件产生电荷。为了抑制敏感元件因自身温度变化而产生干扰,热释电红外传感器将两个相同的敏感元件反向串联或是接成差动电路的形式。双释元的敏感元件收到红外线的辐射就会发生极化,同时在元件的两端产生电荷,但是产生的这些电荷形式并不能直接作为控制器的输入信号,我们需要用电阻将这些电荷形式转化成电压的形式,这样敏感元件的输出就变成了电压输出。通过信号调理电路我们再把这些电压信号转变成标准的控制器的输入信号。

(2)红外对射计数装置

为了准确计算进出建筑物的人员个数,我们在建筑物的每个出入口均布置两个对射式红外线接收和发射模块TX05C,其中的一个布置在出入口一侧,另一个布置在出入口另一侧,分别对进出大楼的人员个数进行统计。对射式红外线接收和发射模块TX0SC分发射电路和接收电路两部分,发射电路的作用距离与工作电压有关,当工作电压为5V时,发射电路的作用距离最长是3m;当工作电压为6V时,发射电路的作用距离最长是4m;当工作电压为9V时,发射电路的作用距离最长是6m;当工作电压为12V时,发射电路的作用距离最长是7m。发射电路由密码集成电路、红外线调制电路以及红外发射二极管等组成。

接收电路采用微功耗的稳压电路和解码电路,在收到发射的红外信号且解码有效时输出低电平。

红外技术电路主要由电源电路、红外发射以及接收模块TX05C、单稳态电路几部分组成。电源电路由变压器、整流电路和稳压集成器构成,输出12V直流电压给整个电路供电。红外发射模块通电后模块正前方透镜小孔即向外发射经密码集成电路调制的红外线;当无人进入监视范围且解码正确,红外接收模块会接收到红外发射模块发射的红外线,输出模块内部的晶体管截止。此时由时基集成电路组成的单稳态电路处于复位状态,输出管脚为低电平。如有人进入监视范围,人员Agent会遮挡发射模块发出的红外线,这样接收模块就不会收到红外信号,输出模块内部的晶体管导通,单稳态电路受到触发翻转进入置位状态,电路输出高电平。由于我们在出入口的里侧和外侧均布置了红外发射与接收模块,通过比较这两个模块接收到信号的先后顺序判断人员的进出方向。环境 Agent 对电路输出的脉冲个数进行累加就可以计算出当前建筑物内人员的存在个数。

3. 房间 Agent

房间 Agent 在基于多智能 Agent 技术的智能建筑通用开发平台中处于控制中心的地位,同时在房间内由房间 Agent、环境 Agent 和设备 Agent 组成的无线网络中处于主节点的位置。通过房间 Agent 与环境 Agent 的信息交互和协作来获得环境信息,并依据这些信息,通过一系列的控制策略来调整房间的环境参数(如光照度、温度、湿度等)。房间 Agent 通过无线网络与底层的设备 Agent 进行双向通信,可以获知设备的状态和参数信息,通过以太网和管理 Agent 交互,并将收集的环境 Agent 信息和设备 Agent 信息上传至管理 Agent。其中无线网络控制部分采用 UM2455,以太网控制通信采用飞思卡尔 NE64。

4. 设备 Agent

在研究的多智能 Agent 系统中,每一个设备 Agent 和唯一的设备或是一类设备相对应,通过设备 Agent 实现对设备的直接控制和设备参数的读取。根据设备控制方式的不同设备 Agent 也分为不同的种类:和数字量控制方式的设备相对应的设备 Agent 称为数字量设备 Agent,和模拟量控制方式的设备相对应的设备 Agent 称为模拟量设备 Agent。

对于房间内由开关信号控制的用电设备,与之相对应的设备 Agent 上加有继电器和拨动开关;设备 Agent 采集设备的状态及其参数信息通过射频收发器以无线方式发送给房间 Agent,同时接收来自房间 Agent 的控制命令实现对相应用电设备的操作和控制;通过给设备 Agent 发送命令自动实现对设备的开关控制,同时拨动开关允许人手动对设备进行操作,并且手动操作优先级最高;对于数字信号控制的用电设备,与之相对应的设备 Agent 通过模拟遥控器的功能来实现对设备的控制;设备 Agent 的主控制器为 MEGA64 芯片,射频收发器的主控制器为 UM2455 无线收发芯片。

以供热阀门远程控制为例来说明模拟量设备 Agent 的工作原理,通过设备 Agent 控制电机的转速来实现对供热阀门开度的调节,设备 Agent 的主控制器发控制命令经 D/A 转换芯片 MAX7541 实现数字量到模拟量的转换,并由放大器对此信号放大实现电机的驱动。设备 Agent 通过无线网络接收房间 Agent 命令控制继电器实现设备的开关控制。

5. 管理 Agent

管理 Agent 实际上就是拥有用电设备能源优化管理软件的一台或多台计算机，它作为整个建筑的信息管理中心，将每个房间的人员存在情况、设备的运行情况和环境信息保存到数据库中，并依据这些数据运用智能优化算法对建筑内的各个子系统如照明系统、空调系统、恒压供水系统等进行节能优化以实现最大限度的能源节约。通过构建 B/S 架构的管理系统，授权用户可以在任何地方通过浏览器登录管理系统实现对现场用电设备运行状态和参数的查看并可以对设备进行远程控制。同时管理 Agent 通过串口连接 GSM 模块 TC35i，用户还可以通过读取短信的方式对用电设备状态和运行参数查看并以发送短信的方式实现对建筑用电设备的远程控制。TC35i 模块是西门子公司的一款无线通信模块，它可以提供可靠的数据、语音传输、短信息服务，能够收发短信，当连接有话筒和耳机时能够进行语音对话。

TC35i 模块的工作电压为 3.3~5.5V，有两个工作频段，分别为 900MHz 和 1800MHz。900MHz 频度的功耗为 2W，1800MHz 频度的功耗为 1W。TC35i 模块接收 AT 指令，支持文本和 PDU 模式的短消息。TC35i 模块的 40 管脚为 ZIF 连接器，连接 SIM 卡支架，TC35i 模块上还有天线连接器，用于连接天线。TC35i 模块的核心模块是 GSM 基带处理器和 GSM 射频模块，其中基带处理器负责处理终端的语音信息，可支持 FR、HR 和 EFR 语音信道编码而不需要额外的硬件电路。GSM 射频模块主要接收来自 GSM 网络的信息并通过 GSM 网络向外发送信息。

TC35i 模块通过串口与管理 Agent 采用两线（TXD、RXD）连接。IGT 管脚是控制 TC35i 模块工作方式的管脚，加上拉电阻并且管理 Agent 通过该管脚控制 TC35i 模块的工作状态。对于 TC35i 模块的其他管脚，当作为输入管脚时用 10000Ω 的电阻将该管脚拉高，当此管脚作为输出管脚时直接悬空。由于 TC35i 模块本身就是一个功能完整的模块，所以外围电路不需要再做专门的信号调理和射频处理电路。

三、多智能 Agent 平台软件设计

（一）多智能 Agent 系统网络结构设计

1. 无线网络

在研究的多智能 Agent 系统中，各个环境 Agent 之间，各房间 Agent 之间以及环境 Agent 和房间 Agent 之间均以无线的方式进行通信。之所以采用无线的方式是考虑到无线网络在组网中的优点，首先无线网络的零布线是它的最大优势，这样就省去了烦琐的安装工序。与有线网络相比较，规模小的无线

网络的安装只需要几分钟就可以完成了。虽然有线网络的安装过程和维护过程简洁明了，但是它的安装工序复杂，而且需要一定的技术。其次无线网络有很好的拓展性，可以方便地添加新的设备和被控对象。但是有线网络的扩展性就比较差，如果要增加新的设备或被控对象，而原有的布线所预留的端口不够用的话，那就需要重新进行布线，而且重新布线的工作量也会比较大。所以说有线网络一旦建成，其功能也就固定了。最后无线网络没有布线格局的限制，具有组网的灵活性；而传统的有线网络布局则要考虑预留线路的问题，布线以及调试的工作量都比较大。无线网络的零布线不受空间的限制和网络安装时间的困扰。无线网络组网快捷方便，而且拆除和移动也同样方便。

安装有线网络前要预留管路，如果预留不够则还要重新走线和打孔，影响了房间整体的美观。但是无线网络根本不存在这样的问题，不用打孔也不需要布线。无线网络的维护费用要比有线网络的维护费用低得多，因为有线网络的布线成本比较高，劳动强度比较大，并且还有一定的技术要求。虽然有线网络的设备成本并不高，但是网络本身组建、维护和升级的费用很高。相比较而言，无线网络组建容易，设置和维护简单。只需一次投入就可解决所有的问题，其零布线费用是有线网络所不能比拟的。

无线网络协议栈模型包括物理层、数据链路层、网络层和应用层这四层协议，物理层位于协议栈的最低层，它为数据端设备提供通路以进行数据的传送，数据通路可以是一个物理媒体也可以是多个物理媒体连接而成。不管是一个媒体还是多个媒体都要在通信的两个数据终端设备间连接起来形成通路。保证数据传输的正确性，同时提供足够的带宽以减少信道上的拥塞，也同时完成物理层上的一些数据管理等工作。

数据链路层介于物理层和网络层之间，它最基本的功能是向位于该层的用户提供透明的和可靠的数据传送基本服务。透明性是指该层上传输的数据的内容、格式及编码没有限制，也没有必要解释信息结构的意义。数据链路层数据传输的可靠性避免了信息丢失、产生干扰和数据传输顺序不正确等情况的发生。由于数据链路层中有检验码可以进行检错和纠错，所以数据链路层信息的可靠性要远远超过物理层。数据链路层大大加强了对原始比特流的传输功能，同时也为网络层的数据可靠安全传输提供了基础。网络层的作用就是为信息发送方提供网络传输服务，使信息由发送方无差错地传输到信息接收方。

应用层是本协议栈的最高层，其是为应用进程提供服务的。其作用是在实现多个系统应用进程相互通信的同时，完成一系列业务处理所需的服务。由于应用层是为应用进程提供服务的，所以应用层的函数也是根据实际需要实现的功能的不同而不同。应用层函数实现的功能越重要或是越复杂，则将此应用函数作为整个函数的主函数和主应用节点。

在无线传感器网络的应用中，我们除了要完成传感器网络自身的节点之间的通信外，还要完成主节点对传感器网络之外的网络的数据传输功能实现。根据实际需要，我们需要在主节点的外扩端口上增加以太网端口和串口，以实现以太网通信和串口调试功能。对于无线传感器网络内部的通信，要实现节点之间的通信，必须先实现设备的绑定。

在这个结构体中，各个分节点首先向主节点进行注册，然后由主节点对这些分节点的 ID 号分配，以及对这些设备有没有被占用进行标记。在我们的传感器无线网络中主节点就是房间 Agent，当房间 Agent 启动并初始化之后环境 Agent 和设备 Agent 就会向房间 Agent 进行注册，注册行为由以下程序完成。

环境 Agent 和设备 Agent 发送申请加入网络的请求广播帧，附近的几个房间 Agent 收到这个广播帧之后也会回应一个广播帧，广播帧里面是分配给请求环境 Agent 和设备 Agent 的短地址。请求环境 Agent 和设备 Agent 会将收到的所有房间 Agent 回应的广播帧进行比较，并选择信号强度最好的节点加入。

当环境 Agent 或设备 Agent 决定了要加入哪个网络节点，它就会在主节点即房间 Agent 回应的广播帧中提取网络短地址，并要求主节点给自己分配地址；同时环境（设备 Agent）Agent 发送自己的 ID 号，并向房间 Agent 进行注册。

房间 Agent 对环境 Agent 或是设备 Agent 分配地址的方式类似 IP 地址的分配方式，即通过 IP 地址的不同段（IP 地址即 XX：XX：XX：XX 四段，类似树状网络的四层），可以让加入的环境 Agent 或是设备 Agent 知道从属于哪个节点，并且也知道如果有别的环境 Agent 或是设备 Agent 申请加入自己，短地址该如何分配。

（1）房间 Agent 与环境 Agent 之间的无线通信

房间的环境信息通过环境 Agent 进行采集，主要采集环境温度、湿度、光照度、红外传感信息、二氧化碳浓度、人员身份信息等；根据以后的扩展需要，环境 Agent 上还可以再集成其他类型的传感器。环境 Agent 将这些采集的环境信息按照分类每隔一定的时间就通过无线网络上传给房间 Agent，同时房间 Agent 也可以通过无线网络询问环境信息。

（2）房间 Agent 与设备 Agent 之间的无线通信

设备 Agent 采集设备的状态及其参数信息并通过射频收发器以无线方式发送给房间 Agent，同时接收来自房间 Agent 的控制命令并实现对相应用电设备的操作和控制。对于由开关信号控制的用电设备，与之相对应的设备 Agent 上加有继电器和拨动开关，通过给设备 Agent 发送命令自动实现对设备的开关控制。对于由数字信号控制的用电设备，与之相对应的设备 Agent 通过模拟遥控器的功能来实现对设备的控制。房间 Agent 和设备 Agent 进行双向通信得到设备的状态参数等信息；同时房间 Agent 通过给房间设备 Agent 发送命令实现对相应设备的控制；设备 Agent 上传设备的状态和参数信息并执行房间 Agent 发来的设备控制命令。

2. 以太网

目前以太网技术已经广泛地应用于计算机网络，随着以太网技术的日益成熟及其诸多优点，以太网技术开始越来越被工业控制领域的人们喜爱。由于很多的编程语言不管是高级语言如 Visual C++、Java，还是基础语言如 Visual Basic 等都支持以太网的应用开发。而且以太网的通信速率高，目前广泛应用快速以太网的通信以太网速率已经达到最高 100Mb/s，并且 1Gb/s 的以太网技术也逐渐成熟；但是工业应用中的传统的现场总线最高速率也只有 12Mb/s。由此可见，以太网的通信速率要比传统现场总线通信速率的 8 倍还要多，完全可以满足工业控制中对数据传输网络速度的要求。

除此之外，以太网技术的共享能力和快速开发优势也是其他技术所无法比拟的。由于目前的以太网技术已经相当成熟，人们在以太网的设计和应用方面也积累了很多的经验，开放式的以太网协议和共享资源使得以太网的应用开发周期比较短，大大降低了系统的投资成本。随着互联网/内联网的发展，以太网已遍布全球的每个角落，正是互联网技术的发展使得以太网用户解除了地域束缚，只要有网卡并能够上网任何人都可以对现场的工业设备进行监视和控制。由于以太网技术的公开性和广泛使用，以太网技术升级变得较易实现。用户不需要独自研发投入并且以太网技术通信协议比较灵活，高速率的传输也能够满足工业等不同领域的要求。

在的研究中，管理 Agent 的所有数据都是通过以太网和建筑物内的所有房间 Agent 通信获得的，房间 Agent 通过无线网络接收设备 Agent 和环境 Agent 的数据，然后再将这些数据打包上传给管理 Agent。管理 Agent 在获取所有房间 Agent 上传的数据之后就会对整个建筑物内的环境信息、设备状态信息和人员信息进行管理和分析，从而为管理 Agent 实现对整个建筑内的能源优化提供依据。同时房间 Agent 接受管理 Agent 的直接命令，并将此命令下传给设备 Agent 实现对设备的远程优化控制。管理 Agent 和房间 Agent 之间通过以太网进行通信，既实现了传输数据的稳定性又满足了对数据传输和响应命令的速度要求。

（二）管理 Agent 通信以及数据管理平台的构建

在研究中，管理 Agent 处于多智能 Agent 系统中的管理核心和设备优化的重要位置，管理 Agent 通过与建筑物内的各个房间 Agent 进行通信，可以全面地获悉整个建筑内的环境参数以及所有建筑用电设备的参数和运行状况。管理 Agent 实际上就是拥有用电设备能源优化管理软件的一台或多台计算机，它作为整个建筑的信息管理中心，将每个房间的人员存在情况、设备的运行情况和环境信息保存到数据库中，并依据这些数据运用智能优化算法对建筑内的各个子系统如照明系统、空调系统、恒压供水系统等进行节能优化以实现最大限度地节约能源。管理 Agent 之所以能够对建筑物内的用电设备进行整体的优化，这与多智能 Agent 之间的交互、信息的多源性是分不开的。要如何实现管理 Agent 和各房间 Agent 之间的通信，数据的保存和管理以及实现对现场用电设备的远程优化控制都是需要重点研究和解决的问题。

建筑物内的所有房间 Agent 通过以太网与管理 Agent 进行双向通信，房间 Agent 将整个建筑物的信息上传给管理 Agent，同时接收管理 Agent 下达的控制命令。上传的数据以数据库的形式保存在数据采集服务器中，优化算法服务器通过读取数据采集器中的实时数据并对数据进行分析后根据优化算法对建筑物用电设备或是楼宇自动控制系统实施能源优化控制策略，同时网络服务器也定时地读取数据采集服务器中的数据并把这些数据进行网络发布，这样用户终端就可以通过网络查看建筑物的环境信息、设备信息和人员信息等，被授权的用户终端也可以远程发送对设备的控制命令。网络服务器通过串口与 GSM 模块连接，用户终端可以通过发短信的形式对建筑内的用电设备进行远程控制。

管理 Agent 要实现对建筑用电设备的优化控制，首先管理 Agent 与这些信息源建立通信连接；其次管理 Agent 完成整个建筑内的环境参数、设备运行状态、人员信息等数据的传输；最后管理 Agent 为网络用户服务，实现资源的共享，使得用户终端共享网络中的信息资源，实现用户参与，提高软硬件的利用率。管理 Agent 采用分布式处理方式减轻了各个主服务器的负担，同时也提高了网络的可靠性。

1. 管理 Agent 与所有房间 Agent 以 UDP 协议进行通信

UDP 协议是面向对象非连接的网络通信协议，信息的发送方通过 UDP 协议通信时，不需要提前与信息的接收方建立连接，即不管信息接收方的状态是忙还是闲状态都直接向信息接收方发送信息。这种 UDP 协议的通信方式和我们用手机发短信很相似，我们在发短信的时候不用知道对方的手机处于什么状态，只要输入对方的手机号直接点发送就可以了。由于 UDP 协议通信时，不需要提前与信息的接收方建立连接，所以 UDP 通信的可靠性没有 TCP 协议的可靠性高。但是 UDP 协议比 TCP 协议的优点是，UDP 协议比较简单易操作，而且数据的传输速率比较高，对于一般对数据可靠性要求不是很高的场所我们选用 UDP 协议比较适合，这样可以减少调试的工作量。使用"ping"命令来测试通信的双方是否建立了数据连接，首先信息的发送方使用"ping"命令加对方的 IP 地址。然后等待对方进行确认，如果信息的接收方收到了 UDP 数据包，网络会反馈信息，说明双方通信是正常的。如果没有反馈信息则说明网络没有建立正常的数据连接。

正是 UDP 协议在发送数据前没有提前和信息的接收方建立有效的数据连接，所以发送信息时，信息的接收方可能会处于忙的状态，这时发送的数据就会发生丢包现象。而可靠的 TCP 协议在发送数据前，信息的发送方和接收方要建立三次通话。第一次通话是信息的发送方给接收方发送建立连接请求："询问信息的接收方是否空闲，是否有时间接收数据。"如果信息的接收方空闲，便回复："可以，信息的发送方什么时间段发送信息。"这是第二次通话。第三次通话是信息的发送方要求信息接收同步，即告知信息的接收方信息发送的时间并要求接收方同步接收数据。对于可靠性要求比较高的场所还是选择使用 TCP 协议，但是由于研究对通信可靠性的要求不算太高，UDP 协议完全可以满足可靠性的要求，并且 UDP 协议的通信效率很高，所以选择 UDP 协议来完成管理 Agent 和建筑物内的所有房间 Agent 之间的通信。

各个房间 Agent 和管理 Agent 遵循 UDP 协议进行双向通信，应用程序首先初始化全局变量，全局变量主要有端口号、广播/多播地址、发送消息长度、类型编号等。然后根据控制方式的不同，初始化应用层接口函数。初始化完成之后对信息判断是广播程序还是多播程序，如果是广播，则判断是信息发送者身份还是信息接收者身份，然后根据不同的身份进行不同的处理，是信息发送者身份则执行发送广播消息，是信息接收者身份则接收广播消息；同样，如果是多播，也是先进行身份判断，然后根据不同的身份进行不同的处理。是多播信息发送者身份则执行发送多播消息，是多播信息接收者身份则接收多播消息。

2. 管理 Agent 与 GSM 模块通信

随着人类社会的进步和科学技术的迅猛发展，人类开始迈入以数字化和网络化为平台的智能社会，正是信息技术和网络化技术的发展以及人们对用电设备控制的更高要求，使得用电设备的远程控制成为一种时尚和便捷的控制方式。对于用电设备的远程遥控技术最早只是简单利用超声波、红外线、无线电波为载体，来实现对电器设备的单通道控制，但是随着工业自动化水平的提高，遥控技术已不再局限于单一设备的控制，更多的时候还是多通道控制和受控对象的信息反馈，然后再根据受控对象的相应信息进行相应的遥控操作。而所有这一切的实现都依赖于微计算机控制技术和电子技术的进步与提高。

由于手机的广泛普及，利用手机技术远程遥控也成为人们研发的热点，手机遥控技术实际上是基于 GSM 网络的手机短信控制技术。在手机 SIM 卡号码身份成功认证之后人们通过发送手机短信控制命令来对现场的设备状态进行查看和实现远制。由于这种遥控技术是基于现存的 GSM 网络基站的，所以不需要再另外建设基站，这样就减少了初投资成本。该控制方式灵活方便，只要有 GSM 网络设备和有效的 SIM 卡就可以实现对设备的远程控制，所以该控制方式是未来远程控制的一种发展趋势。

由于 TC35i 模块只能识别 AT 指令，所以对于 TC35i 模块的软件控制我们只能采用 AT 指令的形式。要想实现和 TC35i 模块的通信首先要对 TC35i 模块进行初始化设置，因为 TC35i 模块有两种短消息发送模式，一种是 Text 模式，另一种是 PDU 模式。通过指令 AT＋CMGF＝参数＜CR＞，参数为"1"表示设置短消息模式为 Text 模式，参数为"0"表示设置短消息模式为 PDU 模式，＜CR＞表示回车符号，十六进制编码为 0x0d。如果指令设置正确则 TC35i 模块会自动返回"OK"。如果我们要查询当前短消息发送模式就得用 AT＋CMGF＝？，CMGF＝1 则为 Text 模式，若 GMGF＝0 则是 PDU 模式。

由于在所使用的 SIM 卡中，其容量是有一定限度的，而且在短信满的时候，SIM 卡将无法收到短信。所以我们还应考虑使用短消息来删除命令，即当读取完一条短信内容后立即对该短信进行删除。删除短消息的命令的格式是 AT＋CMGD＝＜index＞，这里 index 也表示短消息储存的位置。如发送 AT＋CMGD＝3 就表示删除在 SIM 卡存储位置 3 的短信。

管理 Agent 和 TC35i 模块之间以 AT 语言进行双向通信，当 TC35i 模块收到用户终端的短消息后，它就给管理 Agent 发送短信到达提示，管理 Agent 收到后就会做相应的处理来读取短信的内容并根据短信内容实施对用电设备的控制。

四、信息化住宅建筑能源优化控制策略实现探究

建筑节能和优化目前已成为世界性的潮流，同时也是我国改革和发展的目标追求，是我国建筑事业发展的一个重点和热点，也是一个难点问题。如何提高能源资源的利用效率，减少不必要的能源浪费现象，在技术上可行、经济上合理的节能优化控制方法都是人们重点研究的对象。但是人们在对建筑节能控

制系统进行设计的时候却忽略了一个重要的因素，那就是建筑内人员的活动规律和建筑内的人员存在情况对建筑节能的影响。建筑节能和优化的前提应该是在不影响建筑物功能和满足人们舒适度要求的前提下而进行的能源节约。

（一）人员情况智能判断

在多智能 Agent 系统中，同一个无线网络中，环境 Agent 之间以及环境 Agent 与房间 Agent 之间通过无线网络进行通信。所有房间、走廊以及楼梯间的环境 Agent 通过无线网络向房间 Agent 上传收到的人员 Agent 的射频识别技术信息以及红外传感器检测的人员是否存在的信息；所有的房间 Agent 将环境 Agent 上传的信息通过以太网再上传给管理 Agent；出入口的人员 Agent 通过以太网上传人员统计信息。管理 Agent 综合三方面信息即人员 Agent 信息、热释电红外传感器检测的人员是否存在信息以及出入大楼的人员统计信息作为大楼内人员有无的判断依据。若大楼内所有环境 Agent 均未收到任何人员 Agent 广播信号，则认定这一信息表征大楼内已无任何人员存在；若大楼内所有热释电红外传感器均未检测到人体辐射的红外线能量变化则认定这一信息表征大楼内已无任何人员存在；若人员统计 Agent 对进出大楼的人员的计数是进入大楼的人数等于出来的人数，则认定这一信息表征大楼内已无任何人员存在；当三方面信息有至少任意两方面信息能够表征大楼内已无任何人员存在并且经过设定的延时之后，依然有至少任意两方而信息能够表征大楼内已无任何人员存在，则管理 Agent 判定大楼内没有任何人员存在。

融合红外人体运动传感信息、射频识别信息、红外计数信息对人员的存在情况进行判断。我们把事件 A 记为检测的人体运动传感信息，A＝0 表示建筑物内的所有红外运行传感装置都没有检测到运动人体，A＝1 表示并不是建筑物内的所有红外运行传感装置都没有检测到运动人体；事件 B 记为建筑物内环境 Agent 检测到的射频识别信息，B＝0 表示所有环境 Agent 均没有收到任何人员射频识别信息，B＝1 表示并不是所有环境 Agent 均没有收到任何人员射频识别信息；事件 C 记为出入口人员计数信息，C＝0 表示所有的出入口进去的人员个数和出来的人员个数相等，C＝1 表示并不是所有的出入口进去的人员个数和出来的人员个数相等。我们把事件 A、事件 B 和事件 C 作为人员存在情况判断的输入，判断结果用 F 来表示。F＝0 表示建筑内没有人员存在，F＝1 表示建筑内有人。判断原理同三人表决器，至少有两种信息表明楼内没人管理 Agent 才认定楼内没人，否则判断楼内有人。

对于建筑内楼宇自动控制子系统的整体优化主要是基于对整个建筑内的人员情况，管理 Agent 根据信息融合对人员存在情况进行判断并依据人员实际能源所需对建筑物能源进行整体优化。

（二）空调系统的节能优化

中央空调系统能耗是建筑能耗中的大户，要想有效地进行建筑能源的优化先要合理有效地运行中央空调系统。对于目前大多数的楼宇自动控制系统，虽然将整个建筑物内的子系统进行了集成，但是各个子系统之间还是相互独立缺少系统间的数据共享。由于缺少能耗数据的分析和管理，所以楼宇自动控制系统只是简单实现了建筑的智能化。建筑楼宇的各系统之间缺少交互，每个子系统的设备之间的集成度就不高，各子系统设备间的交互几乎就是零。由于各子系统上位管理计算机和下层控制设备的通信协议各不相同，缺少标准化和统一性。楼宇自动控制系统的集成度不够的缺点限制了建筑的整体优化和节能。我们在对现有的建筑进行节能优化改造的同时要考虑技术经济效益，技术的经济性分析也是我们评价建筑节能效益的依据；用最少的劳动消耗和自然资源消耗创造更多的使用价值就能获得很高的技术经济效益。

目前常见的空调系统按照空气处理设备设置情况可分为集中式空调系统、半集中式空调系统和全分散空调系统。在智能建筑中，集中式空调系统通常称为中央空调系统。其中典型的中央空调系统就是变风量空调系统，在有些建筑中也有采用半集中式的空调系统，典型的应用就是风机盘管空调系统。全分散空调系统多用在特定的办公室或家庭中。对于变风量空调系统，其主回路为定值控制系统，副回路为随动系统。主调节器输出能按负荷和操作条件变化，使副调节器的给定值适应负荷并随条件而变化，即该串级控制系统依靠其副回路，具有一定的自适应能力。其中房间温度的控制主要通过变风量末端装置来实现，当空调送风通过VAV末端时，借助房间的温控器控制末端进风口多叶调节风阀的开闭，以改变送风量来适应空调负荷的变化，使房间温度达到设定的要求。

风机盘管空调系统是一种半集中的中央空调，当空气调节房间较多，且各房间要求单独调节的建筑物，就非常适宜采用这种空调系统，它的控制主要包括有风机的转速控制和室内温度的控制两部分。目前，几乎所有风机盘管的风机所配电机均采用中间抽头，通过接线可实现对其风机的高、中、低三速运转的控制。H、M、L分别代表高、中、低三速运转。温控器上的"高、中、低"三档，可控制风机盘管的风机按"高、中、低"三档的风速向房间送风。风机盘管的空调系统温度控制是一个完全的负反馈温度控制系统。它由温度控制器及电动二通阀组成。电动二通阀一般都只有开、闭两个状态，受温度控制器控制。温度控制器安装在需要空调的房间内，它有通断两个工作位置，当温度控制器处于通的工作位置，风机盘管的回水阀全开，为房间提供经过冷热处理的空气；当温度达到设定值时，复位弹簧会使阀门关闭。不管是变风量空调系统还是风机盘管空调系统,它们的控制参数和控制原理都基本相同。

对于空调系统的常规节能策略有以下几种:

①焓值控制:主要是对空气源进行全热值计算,通过比较决策,自动选择空气源,以最少增加被冷却盘管的冷量或热量被增加来达到所希望的冷却或加热温度。

②最佳启动:根据人员的活动规律,在人员进入房间之前提前开启 HVAC 设备。保证人员进入时环境舒适并且提前开启设备的时间最短。

③最佳关机:根据人员的活动规律,在人员离开之前关闭 HVAC 设备,既能保证人员离开之前保持房间的舒适度同时又尽早地关闭设备,减少设备能耗。

④设定值再设定:根据室外空气的温度、湿度的变化对新风机组和空调机组的送风或回风温度设定值进行再设定,使之恰好满足区域的最大需要,以将空调设备的能耗降至最低。

⑤负荷间隙运行:在满足舒适性要求的前提下,固定周期性或可变周期性,减少设备开启时间,减少能耗。

⑥分散功率控制:在高峰功率负荷时间段减少一些不重要且可关闭的功率负荷。

⑦合理降低室内给定值标准:由于个人喜好不同,人们对舒适度的要求标准也不相同,在一个范围较宽的舒适范围内,夏季降温时,取较高的干球温度和相对湿度做设定值;冬季采暖时,取较低的干球温度和相对湿度做设定值减少处理空气耗能。

⑧减少新风量:从卫生要求出发,室内每人必须保证有一定的新风量。与固定新风量的情况相比较,调节新风量,冷负荷可降低到 50%~70%,热负荷可降低到近 35%,手动调节不需要增加设备,比较简单,而且操作工作量不大;防止空调过冷和过热。改变空调设备启动、停止时间。

要实现对变风量空调系统的能源管理和优化,我们要对 VAV 控制器进行改造,让它与管理 Agent 建立以太网通信,同时房间内的风阀开度控制分为手动和自动两种方式。由于在各个房间内我们都布有环境 Agent 和房间 Agent,房间内的 Agent 获得周围环境参数并通过与其他房间的 Agent 之间进行协作获得房间内的人员的存在情况。各个房间的 Agent 通过以太网向管理 Agent 报告自己所在房间的环境参数,管理 Agent 对这些所有房间 Agent 发来的数据进行分析很容易就能判断出哪个房间内的人员已经离开了建筑物,如果代表此房间的风阀开度参数不为 0,则说明此房间的空调还是开着的。这时管理 Agent 就会向 VAV 控制器发送减压命令减小风道的送风量,同时管理 Agent

也给此房间的房间 Agent 发送关闭风阀命令。管理 Agent 根据信息融合的结果确定人员存在情况之后并依此做出冷热源系统总负荷需求控制冷水机组运行台数，保持机组在高效率的工况区运行；以房间内的温度作为过程变量，对水阀和风阀的开度进行调节。在房间内人员离开建筑物的情况下关闭房间内的风阀，这样就避免了房间内的人员忘关空调造成的能源浪费。

要实现对风机盘管空调系统的能源优化，需要和风机盘管控制器建立通信连接。风机盘管的控制器带有数字输出接口，可控制风机盘管的回水电动阀，并带有温度传感器，检测到现场的温度后与设定的温度进行比较，产生的偏差去控制风机盘管的回水电动阀达到控制室温的目的。虽然风机盘管控制器本身就有空调系统实现节能的算法，但是这些算法只是在根据房间设定的温度与现场温度的偏差作为控制量的节能算法，并没有考虑人为情况下造成的能源浪费，所以对空调系统我们还有进一步节能的潜力。我们利用基于多智能 Agent 技术和信息融合技术对建筑内的人员情况进行判断并据此对空调系统进行能源优化，从而避免人为因素而忘关空调的情况下造成的能源浪费现象。由于风机盘管的温度控制器都设置在房间内，所以我们要想对风机盘管空调系统进行能源优化就要先建立温度控制器和房间 Agent 之间的通信。当管理 Agent 对整个大楼的环境参数进行分析，发现此房间的人员已经离开大楼，而风机盘管仍处于运行状态时，管理 Agent 就会通过以太网给此房间的 Agent 发送关闭风机和电动阀的命令，然后再由房间 Agent 向温度控制器传达此命令，当温度控制器执行完此命令后会自动回复房间 Agent 已关闭风机和电动阀并由房间 Agent 将信息上传给管理 Agent。这就是对空调系统用电设备节能控制的一个完整过程。

（三）配电系统的节能控制

建筑供配电系统是整个建筑物的动力系统，它为建筑物内的空调系统、给排水系统、照明系统、电梯系统、消防系统和安防系统等提供正常运转所需的电力能源。

供配电自动控制系统包括两个方面的重要内容。一是采用微型计算机对系统进行监控，供配电微型计算机监控一般分为集中式和分散式两种。集中式即对所有的二次设备按功能划分进行控制和管理，集中控制是将所有的电缆集中在中央控制室进行管理，分散式的装置是指将所有的继电保护等按功能不同安装到各个开关柜上，达到功能保护分散化、系统控制统一化的效果。二是遥控操作，对断路器、电动隔离开关进行自动遥控操作，对系统实现远程监控。

（四）供热系统节能控制

目前北方的建筑供热系统是建筑能源的消耗大户，同时建筑供热系统能源浪费现象也较为严重，尤其是在集中供热条件下。在没有人员存在的大楼里还向大楼供热就是一种典型的能源浪费情况。多智能 Agent 系统的交互性、自适应等优点，为我们降低供热系统能耗提供了新的途径和新的思路；基于多智能 Agent 技术和信息融合的建筑供热节能系统就是利用多智能 Agent 之间的信息交互和相互协作准确判断建筑物内人员的存在情况，并根据人员的存在情况来控制大楼的供热阀门的开闭，减少不必要的能源消耗。

这里利用多智能 Agent 系统对供热阀门进行远程控制，以某号楼供热阀门的节能控制为例来说明一下供热系统能源优化的过程。多智能 Agent 系统上电以后，系统初始化为各个房间 Agent 分配 IP 地址。各房间 Agent 每隔五分钟上传一次各房间的人员存在情况，管理 Agent 将房间内的射频识别信息、红外人体传感信息、各出入口的人员计数信息进行融合，并将信息融合的结果作为建筑内人员存在情况的判断依据。当管理 Agent 判断出该建筑物内已无人员存在，它就会给房间 Agent 发送控制命令，再由房间 Agent 向设备 Agent 下发此命令，最后由设备 Agent 执行对供热阀门的开度控制。

（五）以房间为单元的用电设备节能优化控制

目前应用于住宅建筑的智能节电系统国内外已有很多，但是大部分的节能方法采用的是"人走灯灭"的基本思路，即人离开房间后就关掉房间内的用电设备。当人员频繁进出房间时，应用这种节能方法就会造成设备的频繁开关，不但实现不了节能反而会浪费更多的能源，尤其是像空调这种启动需要消耗大量能源的设备；同时设备的频繁开关也会缩短设备自身的使用寿命，所以我们急需一种新的节能技术来解决目前用电设备节能中存在的不足。

基于多智能 Agent 之间的交互和协作机制，管理 Agent 通过读取房间 Agent 上传的信息，包括房间的温湿度、光照度、设备参数、设备状态以及人员的相关信息，当管理 Agent 发现房间内的人员已经离开建筑物，而房间内的用电设备如照明灯具、空调、饮水机等依然处于运行状态时，管理 Agent 就会给房间 Agent 发送控制命令，由设备 Agent 执行关闭房间内的用电设备。当然房间内的主人即授权用户也可以通过登录网络或是发短信的方式对房间内的用电设备进行远程控制。

管理 Agent 在以房间为单元对用电设备进行节能管理时，会对房间内是否有人进行判断。当此房间内的主人不在房间内时，管理 Agent 会询问其他的房间 Agent 有没有收到主人的射频识别信息，并据此信息对人员进行定位。如果出入口的房间 Agent 收到了主人的射频识别信息，并且经过一段时间的延时该信息消失，则管理 Agent 判定该主人已经离开了大楼，这些管理 Agent 会发送命令关闭该房间内的用电设备。如果该房间的主人只是离开了房间，但仍然在建筑内,则管理 Agent 会根据目前主人的位置对主人是否会很快回到房间进行智能判断。如果主人会很快回来则维持房间的用电设备状态不变,如果主人不会很快回来则控制房间内的用电设备运行在节能状态。

第二节　建筑设备管理系统在智能建筑优化设计中的表现

一、绿色建筑与可持续发展

(一)政府组织和社会自愿参与

我国的绿色建筑评价一方面由住房和城乡建设部及地方建设主管部门开展的评价,另一方面是社会自愿参与的非强制的评价。

(二)框架结构简单易懂

考虑到我国绿色建筑刚刚起步,绿色建筑评价标识的编委选择了结构简单清晰便于操作的以措施性评价为主的列表式评价体系。

(三)符合我国国情

我国建筑行业强调贯彻建筑节能的发展策略政策,我国的绿色建筑评价标识以满足我国建筑节能的相关标准节能项作为建筑评价的重点。绿色建筑评价标识正是按照我国的建设行情实施并逐步完善相关管理制度与技术体系。

关于气候变化与能源危机的严重问题,如何有效地节能与可持续发展是重要的考虑方面。低能量消耗的建筑物在某些情况下可能成为能源的生产者,另外低能耗建筑的研究不能与其居民的行为分开。可持续发展建筑概念的提出可以作为一个多学科多专业互动的平台,融入包括建筑学、信息科技、社会学、生态学各学科。可持续发展绿色建筑的研究与推广需要信息通信技术领域的工程师与研究人员的创新,同时需要建筑学物理与化学方面专家的观点融合,还要从社会学家的社会互动观念考虑。

可持续发展绿色建筑的研究包括以下几个领域:仿真,生态系统建模,建筑流体建模,能源建模;材料,能源效率,健康,机械性能;建筑外部和内部的空气水质量;电信,信息和通信技术(建筑内波的传播,宽带传输,电力线,无线传感器网络,信号处理,自动化,计算机技术);节地与室外环境、节水与水资源利用,以及建筑材料的精心选择和利用,智能技术在绿色建筑的应用中起着举足轻重的作用。

智能建筑可以帮助提高建筑物的内在品质,尽量创造舒适的工作和生活环境,降低能耗,保护环境。绿色建筑是所有智能建筑的奋斗方向,智能建筑是绿色建筑的有力支撑。在现行的《绿色建筑评价技术指南》六大评价体系中，智能技术主要在运营管理评价体系中得到体现。评价要点明确表示，公用智能化系统应具备智能化集成系统、公共安全系统、信息化应用系统、建筑设备管理系统以及建筑环境等设计要素，满足"节能、环保"的要求。住宅智能化系统的设置应高效实用、安全、合理，本着以人为本的原则，以住户安全、舒适、方便、经济为目的，充分考虑在绿色环保与可持续发展方面的应用。智能化系统为绿色建筑提供各种运行信息，提高其性能，增加其价值，智能化系统影响着绿色建筑运营的整体功效。

二、建筑设备管理智能系统与绿色信息化住宅建筑

建筑设备管理智能系统主要是把楼宇内的机电自动化设备及相关子系统集成起来，做到可以在人机界面下对所有设备及子系统进行监视、控制与管理，以达到提高建筑的管理效率并节约能耗，降低整个建筑的运行成本。建筑设备管理智能系统通常由基础设备层、智能控制层与信息管理层三层结构组成，三层结构紧密相连互相支持。基础设备层依托于内部网络以及其他网络使整个建筑中的各子系统各设备互联；智能控制层对各类设备信息、人员信息、物业管理信息、服务反馈信息进行控制与处理；信息管理层通过个人计算机对各类信息进行分析与处理，优化建筑的管理与运营。

（一）建筑设备管理智能系统在营造绿色建筑中的重要性

长久以来从建筑开发商到物业，对建筑设备管理智能化建筑运营管理系统比较淡薄，觉得投入成本多，回收小，管理复杂。普遍没有意识到建筑设备管理系统的绿色运营属性，随着我国市场机制的逐步完善，没有建筑设备管理系统管理的建筑逐步成为落后的代名词。通过建筑设备管理系统，可以有效简单便利地对建筑进行各方面的绿色管理；包括安全管理、防火管理、办公环境的温度管理、空气清新度管理、电梯高效管理、照明管理、冷热水系统管理、网络管理。在既有建筑中，90%以上的是高能耗建筑，在建筑的节能改造中智能系统的采用起着重要作用。节能建筑，并不是一味地节省能源，减少热量损失，而是强调建筑中的能源利用效率。智能建筑的设备管理系统大大加强了能源的利用效率，同时提高了建筑的舒适度。

设备管理系统是绿色的，采用设备管理系统的建筑具有以下十大优点：可以有效节约能源；提高楼宇内居住人员的舒适性与健康性；降低建筑的安装运营成本；容易操作与管理，客户自主导向；通过远程快速干预减少物业的外出移动管理；安装设备的可靠性且不中断的运行；可以24h对楼宇进行监测，加强安全系数，并可以通过电子邮件、传真、短信或本地服务器传递报警信号；

用户安全的操作；设备管理系统几乎兼容市场上所有品牌的自动化产品；技术系统容易优化升级，节约技术设备的采购成本。

（二）建筑设备管理系统应用领域

1. 水表电表

在建筑设备管理系统与抄表系统之间建立连接，不管是水表、电表、燃气表，一方面可以进行远程抄表，另一方面也可以自动存取系统的数据，了解用水、用气、用电的记录以及分析消耗方式，通过改善消耗方式达到节能的目标。对系统管道的异常与泄露也能够及时通过SMS警报发送。

2. 信号状况

与建筑设备管理系统相关联的监测软件能够观察建筑所用系统设备的信号状况，每个参数的自动或手动改变都影响信号的改变。就如上系统管道的异常会显示在屏幕上一样。

第六章　可再生能源在建筑中的应用

第一节　太阳能光热、光伏建筑应用

一、太阳能光热建筑应用

太阳能光热建筑应用主要包括太阳能热水、太阳能供暖及光热太阳能制冷空调。

（一）太阳能热水系统

太阳能热水系统是指利用温室原理，将太阳辐射能转变为热能，并向冷水传递热量，从而获得热水的一种系统。它由集热器、蓄热水箱、循环管道、支架、控制系统及相关附件组成，必要时需要增加辅助热源。其中，太阳能集热器是太阳能热水系统中，把太阳能辐射能转换为热能的主要部件。

1. 太阳能集热器

经过多年的开发研究，太阳能集热器已经进入较为成熟的阶段，主要有三大类：闷晒式太阳能集热器、平板式太阳能集热器、真空管式太阳能集热器。目前，使用最广泛的为平板式太阳能集热器和真空管式太阳能集热器。

①闷晒式太阳能集热器。闷晒式太阳能集热器是最简单的集热器，集热器与水箱合为一体，直接通过太阳能辐射照射加热水箱内的水，冷热水的循环和流动在水箱内部进行，加热后直接使用，是人类早期使用的太阳能热水装置。其工作温度低，成本廉价，全年太阳能量利用率约为20%，多用在我国农村地区，但其结构笨重，热水保温问题不易解决。

②平板式太阳能集热器。平板式太阳能集热器是在17世纪后期发明的，直到1960年以后才真正进入深入研究和规模化应用。其吸热面积与透光面积相同，又称为非聚光型太阳能集热器。除闷晒式太阳能集热器以外，平板式太阳能集热器的制造成本最低，但每年只能有6~7个月的使用时间，冬季不能有效使用，防冻性能差，运行温度不得低于0℃。在夏季多云和阴天时，太阳

能吸收率较低。

平板式太阳能集热器的工作原理是：在一块金属片上涂以黑色，置于阳光下，以吸收太阳能辐射而使其温度升高；金属片内有流道，使流体通过并带走热量；向阳面加玻璃罩盖，起温室效应，背板上衬垫保温材料，以减少板对环境的散热，提高太阳能集热器的热效率。平板式太阳能集热器一般由吸热板、盖板、保温层和外壳4部分组成。

平板式太阳能集热器损失大，难以达到80℃以上的工作温度，冬季热效率低。由于吸收膜层暴露在空气中，高温条件下氧化严重，流道细，易结垢且无法清除，系统一般运行4～5年后热性能即急剧下降。现阶段在我国大中城市中使用较少，多用在我国广东、福建南部、海南地区。但由于其造价、热效率、人工费用等方面的特点与欧洲国家的国情和气候特点相符，所以在欧洲各国有着较广泛的市场和较大的市场占有率。

③真空管式太阳能集热器。为了减少平板式太阳能集热器的热损，提高集热温度，国际上20世纪70年代研制成功了真空集热管，其吸收体被封闭在高真空的玻璃真空管内，充分发挥了选择性吸收涂层的低发射率及降低热损的作用，最高温度可以达到120℃。

a. 全玻璃真空集热管，采用管内装水，在运行过程中若有一根管坏掉，整个系统就停止运行。

b. 热管式真空集热管，在全玻璃真空管中插入焊接有金属翼片的热管，结构复杂及造价高。

c. U形管式真空集热管，是在全玻璃真空管中插入U形金属管，玻璃管不直接接触被加热流体，在低温环境中散热少，整体效率高；以水为工质时，存在金属管冻裂和结垢问题。

d. 同轴套管式真空集热管，是在热管的位置上用两根内外相套的金属管代替玻璃管，工作时，冷水从内管进入真空管，被吸热板加热后，热水通过外管流出；直接加热工质，热效率较高。

e. 内聚光式真空集热管，是在真空管内加聚光反射面的一种集热管，管中的聚光集热器能将阳光会聚在面积较小的吸热面上，运行温度较高，有时可达150℃以上。

f. 直通式真空集热管，传热介质由吸热管的一端流入，经在真空管内加热后，从另一端流出，运行温度高且易于组装，特别适合应用于大型太阳能热水工程。如果与聚光反射镜结合使用，其温度可达300～400℃。

g. 贮热式真空集热管，是将大直径真空集热管与贮热水箱结合为一体的真空管热水器，白天使用时，冷水通过内插管徐徐注入，将热水顶出使用；到晚上，由于有真空隔热，筒内的热水温度下降很慢。其结构紧凑，不需要水箱，可根据用户需求来设计。

2. 系统的分类及运行方式

①系统的分类。根据实际用途，太阳能热水系统分为供家庭使用的太阳能热水系统（通常称为家用太阳能热水系统）和供大型浴室、住宅及酒店等建筑集中使用的太阳能热水系统（或称为太阳能热水工程）。根据国家标准规定，贮热水箱水容量在600L以下的为家用太阳能热水系统。

根据太阳能集热系统与太阳能热水供应系统的关系，太阳能热水系统分为直接式系统（一次循环系统）和间接式系统（也称二次循环系统）。

太阳能热水系统按有无辅助热源分为有辅助热源系统和无辅助热源系统。按供热水范围分为集中供热水系统、局部供热水系统；按系统是否承压又为承压太阳能热水系统和非承压太阳能热水系统。

太阳能热水系统按水箱与集热器的关系分为紧凑式系统、分离式系统和闷晒式系统。闷晒式系统是指集热器和贮水箱结合为一体的系统；紧凑式系统是指集热器和贮水箱相互独立，但贮水箱直接安装在太阳能集热器上或相邻位置的系统；分离式系统是指贮水箱和太阳能集热器之间分开一定距离安装的系统。在实际太阳能热水系统工程中，主要使用分离式系统。

②系统的运行方式。按系统中水的流动方式，大体上可分为自然循环式、直流式和强制循环式3大类。自然循环式热水系统又可以分为自然循环式、自然循环定温放水式。直流式，也称变流量定温式，直接利用自来水压力或其他附加压力。

3. 太阳能热水系统建筑应用

长期以来，家用太阳能热水器一般是在房屋建成后，由用户直接购买，由经销商上门安装的。这种利用方式会对建筑物外观和房屋相关使用功能造成一定影响和破坏，制约了太阳能热水器在建筑上的应用与发展。因此，发展出了太阳能热水器/系统一体化建筑。

（二）太阳能供暖

太阳能供暖分为主动式和被动式两大类。主动式太阳能供暖是以太阳能集热器、管道、风机或泵、末端散热设备及储热装置等组成的强制循环太阳能供暖系统；被动式则是通过建筑朝向和周围环境的合理布置，内部空间的外部形态的巧妙处理，以及建筑材料和结构、构造的恰当选择，使房屋在冬季能集取、保持、存储、分布太阳热能，适度解决建筑物的供暖问题。运用被动式太阳能供暖原理建造的房屋称为被动式供暖太阳房。主动式太阳能供暖系统由暖通工程师设计，被动式供暖太阳房则主要由建筑师设计。

1. 被动式供暖太阳房

被动式供暖太阳房的类型很多，到目前为止尚无统一的划分标准，分类方法也不尽相同。从太阳能的利用方式来区分，被动式供暖太阳房可分为两大类，直接受益式和间接受益式。直接受益式，太阳能辐射能直接穿过建筑透光面进入室内；间接受益式，太阳能通过一个接受部件（或称太阳能集热器），这种接受部件实际上是建筑组成的一部分或在屋面或在墙面，而太阳能辐射能在接受部件中转换成热能再经由送热方式对建筑供暖。直接受益式和间接受益式的被动式供暖太阳房可分为以下 6 种：

（1）直接受益式

直接受益式的太阳房，本身成为一个包括太阳能集热器、蓄热器和分配器的集合体。这种太阳能供暖方式最直接、最简单，效果也最好，但是当在夜间且建筑物保温和蓄热性能较差时，室内降温快，温度波动大。有效的措施是增加透光面的夜间保温，如选用活动保温窗帘、保温扇、保温板等。

（2）集热蓄热墙式

太阳光穿过透光材料照射集热蓄热墙，墙体吸收辐射热后以对流、传导、辐射方式向室内传递热量的供暖形式。它是间接受益式被动式供暖太阳房的一种。

透光面后面的墙体一般采用具有一定蓄热能力的混凝土或砖砌体，又名"特朗勃墙"（Trombe Wall）。通常墙体上开有上下通风口：冬季，在玻璃和墙体夹层中的空气被加热后，形成向室内输送热风的对流循环，夜间关闭上下通风口，以防止逆循环；夏季，只通过墙上部的气孔与室外通风，排出室内热空气。另外一种形式是在玻璃后面设置一道"水墙"，通过"水墙"向室内传导、辐射或对流传递热量。

（3）附加阳光间式

在房屋主体南面附加一个玻璃温室，被加热的空气可以直接进入室内或者热量通过房间和温室之间的蓄热墙传入室内。白天，阳光间将热量传向室内；夜间则作为室内外的缓冲区，减少房间热损失。也可以在阳光间加设保温，以增加冬季夜间的保温效果；或在阳光间内种植蔬菜和花草美化环境。

（4）屋顶集热蓄热式

利用屋顶进行集热蓄热。利用屋顶进行集热器蓄热，以及在屋顶设置集热蓄热装置，并加设活动保温板，夏季保温板夜开昼合，冬季夜合昼开，从而实现夏季降温和冬季供暖双重作用。屋顶不设置保温层，只起到承重和围护作用。但活动保温板面积较大，操控困难。另一种方法是修建水屋面，但由于承重问题，不利于抗震防震。

(5) 热虹吸式（又称对流环路式）

利用热虹吸作用通过自然循环向室内散热，并设置有蓄热体。

这种形式的太阳房适用于建在山坡上的房屋，集热器低于建筑物地面。一般借助建筑地坪与室外地面的高差位置安装空气集热器，并用风道与设在室内地面以下的卵石储热床相连通。白天集热器中的空气（或水）被加热后，由温差产生热虹吸作用，通过风道（或水管）上升到上部的岩石贮热层，热量被岩石吸收变冷再流回集热器底部，进行下一次循环。夜间岩石贮热层通过送风口以对流方式向房间供暖。这种形式一般要借助风扇强制循环。

(6) 综合式

由上述两种或两种以上的基本类型组合而成的被动式太阳房。不同类型的被动式太阳房都有各自的独特之处，不同供暖方式的结合使用，就可以形成互为补充的、更为有效的被动式太阳能供暖系统。

2. 主动式太阳能供暖

主动式太阳能供暖系统主要由集热器、贮热器、供暖末端设备、辅助加热装置和自动控制系统等部分组成。按热媒种类的不同，主动式太阳能供暖系统可分为空气加热系统及水加热系统。

(1) 空气加热系统

风机的作用：①驱动空气在集热器与贮热器之间循环，让空气吸收集热器中的供暖板的热量，然后传送到贮热器储存起来，或直接送往建筑物。②驱动空气在建筑物与贮热器之间循环，让建筑物内冷空气在贮热器中被贮热介质加热，然后送往建筑物。由于太阳能辐射能量在每天，尤其是一天当中变化很大，一般来说需安装锅炉或电加热器等辅助加热装置。

集热器是太阳能供暖的关键部件。由于空气的容积比热容较小，与集热器中供暖板的换热系数较水而言也小得多；因此，应用空气作为集热介质时，需集热器有一个较大的体积和传热面积。

(2) 水加热系统

水加热太阳能供暖系统是指利用太阳能加热水，然后让被加热的水通过散热器向室内供暖的系统。它同太阳能热水系统非常相似，只是太阳能热水系统是生产热水直接供生活使用，而水加热太阳能供暖系统则是将生产的热水流过安装在室内的散热器向室内散热。

(三) 太阳能光热空调制冷

太阳能制冷空调主要可以通过光－热和光－电转换两种途径实现。光－热转换制冷是指太阳能通过太阳能集热器转换为热能，根据所得到的不同热能品位，驱动不同的热力机械制冷。太阳能热力制冷可能的途径主要有除湿冷却空调、蒸气喷射制冷、朗肯循环制冷、吸收式制冷/吸附式制冷和化学制冷等。光－电转换制冷是指太阳能通过光伏发电转化为电力，然后通过常规的蒸气压缩制冷、半导体热电制冷或斯特林循环等方式来实现制冷。这里只介绍太阳能光热空调制冷。

太阳能空调的最大优点在于季节适应性好。一方面，夏季烈日当头，太阳辐射能量剧增，在炎热天气下，人们迫切需要空调制冷；另一方面，由于夏季太阳辐射能量增加，使依靠太阳能来驱动的空调系统可以产生更多的冷量；太阳能空调系统的制冷能力随着太阳辐射能量的增加而增大，正好与夏季人们对空调的迫切要求相匹配。

1. 太阳能吸收式制冷系统

太阳能吸收式制冷系统，是利用太阳能集热器提供吸收式制冷循环所需要的热源，保证吸收式制冷机正常运行，从而实现制冷的系统。它包括太阳能热利用系统和吸收式制冷系统两个部分，一般由太阳能集热器、吸收式制冷机、空调箱（或风机盘管）、辅助加热器、水箱和自动控制系统等组成。

太阳能吸收式空调可以实现夏季制冷、冬季供暖、全年提供生活热水等多项功能。

夏季时，被加热的热水首先进入贮水箱，达到一定温度后，向吸收式制冷机提供热源水，降温后再流回贮水箱；而从吸收式制冷机流出的冷冻水通入空调房间实现制冷。当太阳能集热器提供的热量不足以驱动吸收式制冷机时，由辅助热源提供热量。

冬季时，相当于水加热太阳能供暖系统，被太阳能集热器加热的热水流入贮水箱，当热水温度达到一定值时，直接接入空调房间实现供暖。当热量不足时，也可以使用辅助热源。

在非空调供暖季节，就相当于太阳能热水系统，只要将太阳能集热器加热的热水直接通向生活热水贮水箱，就可以提供所需的生活热水。

2. 太阳能吸附式制冷系统

太阳能吸附式制冷主要是利用具有多孔性的固体吸附剂对制冷剂的吸附（或化学吸收）和解吸作用实现制冷循环的。吸附剂和制冷剂形成吸附制冷工质对。制冷温度低于零度的常用工质对为活性炭－甲醇等，建筑空调系统制冷温度高于零度的常用工质对为沸石－水、硅胶－水等。吸附剂的再生温度一般在 80～150℃，适合利用太阳能。

吸附式制冷通常包含以下两个阶段：①冷却吸附→蒸发制冷：通过水、空气等热沉带走吸附剂显热与吸附热，完成吸附剂对制冷剂的吸附，制冷剂的蒸发过程实现制冷。②加热解吸→冷凝排热：吸附制冷完成后，再利用热能（如太阳能、废热等）提供吸附剂的解吸热，完成吸附剂的再生，解吸出的制冷剂蒸气在冷凝器中释放热量，重新回到液体状态。

太阳能吸附式制冷根据制冷系统的运行方式一般可分为连续式制冷系统和间歇式制冷系统。建筑空调系统中应用一般需要连续运行，因此需要多个吸附床联合运行，在某个吸附床解吸时其他吸附床可以吸附制冷。

3. 太阳能除湿制冷系统

太阳能除湿式制冷通过吸湿剂吸附空气中的水蒸气，降低空气的湿度来实现制冷。它的制冷过程实际是直流式蒸发冷却空调过程，不借助专门的制冷机。它利用吸湿剂对空气进行减湿，然后将水作为制冷剂，在干空气中蒸发降温，对房间进行温度和湿度的调节，用过的吸湿剂则被加热进行再生。系统使用的吸湿剂有固态吸湿剂（如硅胶等）和液态吸湿剂（如氯化钙、氯化锂等）两类。除湿器可采用蜂窝转轮式（对于固态干燥剂）和填料塔式（对于液态干燥剂）两种形式。

采用固体吸湿剂系统，其运行原理为：室外空气通过除湿转轮后湿度降低，温度升高，通过换热器后被空调排风冷却，然后进入蒸发加湿器蒸发降温变成低温饱和空气进入房间；在房间内被加热后变成不饱和空气；房间的不饱和排风通过第二级的蒸发冷却后温度降低，在换热器中温度升高，然后进入太阳能空气集热器进一步升温，升温后的空气将除湿转轮中的吸湿剂再生后排入室外。转轮的迎风面可以分成工作区和再生区，转轮缓慢旋转，从工作区移动到再生区，又从再生区返回到工作区，从而使除温过程和再生过程周而复始地进行。

4. 太阳能蒸汽压缩式制冷系统

太阳能蒸汽压缩式制冷系统，是将太阳能作为驱动热机的热源，使热机对外做功，带动蒸汽压缩制冷机来实现制冷的。它主要由太阳集热器、蒸汽轮机和蒸汽压缩式制冷机3大部分组成，它们分别依照太阳集热器循环、热机循环和蒸汽压缩式制冷机循环的规律运行。

5. 太阳能蒸汽喷射式制冷系统

太阳能蒸汽喷射式制冷系统主要由太阳集热器和蒸汽喷射式制冷机两大部分组成，它们分别依照太阳集热器循环和蒸汽喷射式制冷机循环的规律运行。在整个系统中，太阳能集热器循环只用来为锅炉热水运行预加热，以减少锅炉燃料消耗，降低燃料费用。

二、太阳能光伏建筑应用

（一）光伏发电原理

"光伏发电"是将太阳光的光能直接转换为电能的一种发电形式，其发电原理是"光生伏打效应"。普通的晶体硅太阳能电池由两种不同导电类型（n型和p型）的半导体构成，分为两个区域：一个正电荷区，一个负电荷区。当阳光投射到太阳能电池时，内部产生自由的电子－空穴对，并在电池内扩散，自由电子被p－n结扫向n区，空穴被扫向p区，在p－n结两端形成电压，当用金属线将太阳能电池的正负极与负载相连时，在外电路就形成了电流。太阳能电池的输出电流受自身面积和光照强度的影响，面积较大的电池能够产生较强的电流。

（二）光伏发电系统的组成

太阳能光伏发电系统是利用光伏电池板直接将太阳辐射能转化成电能的系统，主要由太阳能电池板、电能储存元件、控制器、逆变器以及负载等部件构成。

1. 太阳能电池板

（1）太阳能电池的分类

太阳能电池板是太阳能光伏系统的关键设备，多为半导体材料制造，发展至今，已种类繁多，形式各样。

从晶体结构来分，有单晶硅太阳能电池、多晶硅太阳能电池和非晶硅太阳能电池。

从材料体型来分，有晶片太阳能电池和薄膜太阳能电池。

从内部结构的p－n结多少或层数来分，有单节太阳能电池、多节太阳能电池或多层太阳能电池。

按照材料的不同，还可分为如下几类：

①单晶硅太阳能电池。单晶硅太阳能电池是由圆柱形单晶硅锭修掉部分圆边，然后切片而成的，所以单晶硅太阳能电池成准正方形（四个角呈圆弧状）。因制造商不同，其发电效率为14%～17%。

②多晶硅太阳能电池。多晶硅太阳能电池是由方形或矩形的硅锭切片而成的，四个角为方角，表面有类似冰花一样的花纹。其电池效率只有约12%，但是制造所需能量较单晶硅太阳能电池低约30%。

③非晶硅薄膜太阳能电池。它是由硅直接沉积到金属衬板（铝、玻璃甚至塑料）上生成薄膜光电材料后，再加工制作而成的。它可以制作成连续的长卷，可以与木瓦、屋面材料，甚至书包结合到一起。但非晶硅材料经长时间阳

光照射后不稳定，目前多用于手表和计算器等小型电子产品中。

④化合物半导体太阳能电池。太阳能电池还可以由半导体化合物制作，如砷化镓太阳能电池、镓铟铜太阳能电池、硫化镉太阳能电池、碲化镉太阳

(2) 太阳能电池、组件及方阵

单体太阳能电池是太阳能电池的最基本单元；多个电池片串联而成太阳能电池组件，它是构成最小实用型功率系统的基本单元；将多个太阳能电池组件组装在一起组成光伏方阵。

(3) 组件的串联和并联

太阳能电池件组件同普通电源一样，也采用电压值和电流值标定。在充足的阳光下 40～50W 组件的标称电压是 12V（最佳电压 17V），电流大约为 3A。组件可以根据需要组合到一起，以得到不同电压和电流的太阳能电池板。

2. 电能储存元件

由于太阳能辐射随天气阴晴变化无常，光伏电站发电系统的输出功率和能量随时在波动，使得负载无法获得持续而稳定的电能供应，电力负载在与电力生产量之间无法匹配。为解决上述问题，必须利用某种类型的能量储存装置将光伏电池板发出的电能暂时储存起来，并使其输出与负载平衡。

目前，光伏发电系统中使用最普遍的能量储存装置是蓄电池组，白天转换来的直流电储存起来，并随时向负载供电；夜间或阴天时再释放出电能。蓄电池组还能在阳光强弱相差过大或设备耗电突然发生变化时，起一定的调节作用。

3. 控制器

在运行中，控制器用来报警或自动切断电路，以保证系统负载正常工作。

4. 逆变器

逆变器的功能是将直流电转变成交流电。

(三) 建筑光伏应用

在建筑物上安装光伏系统的初衷是利用建筑物的光照面积发电，既不影响建筑物的使用功能，又能获得电力供应。建筑光伏应用一般分为建筑附加光伏（BAPV）和建筑集成光伏（BIPV）两种。

建筑附加光伏（BAPV）是把光伏系统安装在建筑物的屋顶或者外墙上，建筑物作为光伏组件的载体，起支承作用；建筑集成光伏（BIPV）是指将光伏系统与建筑物集成一体，光伏组件成为建筑结构不可分割的一部分；如果拆除光伏系统则建筑本身不能正常使用。

建筑光伏应用有以下几种形式：

1. 光伏系统与建筑屋顶相结合

光伏系统与建筑屋顶相结合，日照条件好，不易受到遮挡，可以充分接收太阳辐射；光伏屋顶一体化建筑，由于综合使用材料，可以节约成本。

2. 光伏与墙体相结合

多、高层建筑外墙是与太阳光接触面积最大的外表面。为了合理地利用墙面收集太阳能，将光伏系统布置于建筑物的外墙上。这样既可以利用太阳能产生电力，满足建筑的需求；还可以有效降低建筑墙体的温度，从而降低建筑物室内空调冷负荷。

3. 光伏幕墙

它由光伏组件同玻璃幕墙集成化而来，不多占用建筑面积，优美的外观具有特殊的装饰效果，更赋予建筑物鲜明的现代科技和时代特色。

4. 光伏组件与遮阳装置相结合

太阳能电池组件可以与遮阳装置结合，一物多用，既可有效地利用空间，又可以提供能源，在美学与功能两方面都达到了完美的统一，如停车棚等。

第二节 热泵技术及应用

一、热泵及热泵系统的介绍

（一）热泵系统的定义

热泵是一种利用高位能使热量从低位热源流向高位热源的节能装置。顾名思义，热泵也就是像泵那样，可以把不能直接利用的低位热能（如空气、土壤、水中所含的热能、太阳能、工业废热等）转换为可以利用的高位热能，从而达到节约部分高位能（如煤、燃气、石油、电能等）的目的。

由此可见，热泵的定义涵盖了以下优点：

①热泵虽然需要消耗一定量的高位能，但所供给用户的热量却是消耗的高位热能与吸取的低位热能的总和。也就是说，应用热泵，用户获得的热量永远大于所消耗的高位能。因此，热泵是一种节能装置。

②理想的热泵可设想为节能装置（或称节能机械），由动力机和工作机组成热泵机组。利用高位能来推动动力机（如汽轮机、燃气机、燃油机、电动机等），然后再由动力机来驱动工作机（如制冷机、喷射器）运转，工作机像泵一样，把低位的热能输送至高品位，以向用户供暖。

③热泵既遵循热力学第一定律，在热量传递与转换的工程中遵循守恒的数

量关系：又遵循热力学第二定律，热量不可自发、不付出代价地、自动地从低温物体转移至高温物体。在热泵的定义中明确指出，热泵是靠高位能拖动，迫使热量由低温物体传递给高温物体的。

（二）热泵系统的分类

热泵的种类很多，分类方法各不相同，可按热源种类、热驱动方式、用途、工作原理、工艺类型等来分类。

按工作原理分为蒸汽压缩式热泵、气体压缩式热泵、蒸气喷射式热泵、吸收式热泵、热电式热泵、化学热泵，按热源分为空气热泵、地表水热泵、地下水热泵、城市自来水热泵、土壤热泵、太阳能热泵、废热热泵，按用途分为住宅用热泵、商业及农业用热泵、工业用热泵，按供暖温度分为低温热泵＜100℃、高温热泵（＞100℃），按驱动方式分为电动机驱动热泵、热驱动热泵，按热源与供暖介质的组合方式分为空气－空气热泵、空气－水热泵、水－水热泵、水－空气热泵、土壤－空气热泵、土壤－水热泵，按功能分为单纯制热热泵、交替制冷与制热热泵、同时制冷与制热热泵，按压缩机类型分为往复活塞式热泵、涡旋式热泵、滚动转子式热泵、螺杆式热泵、离心式热泵，按机组的安装形式分为单元式热泵、分体式热泵、现场安装式热泵，按热量提升分为初级热泵、次级热泵、第三级热泵。

二、空气源热泵

空气源热泵系统是根据逆卡诺循环原理，采用电能驱动，通过传热工质把自然界的空气中的热能有效吸收，并将吸收回来的热能提升至可用的高品位热能并释放到水中的设备。在不同的工况下，热泵热水机组每消耗1kW电能就从低温热源中吸收2～6kW的免费热量，节能效果非常显著。热泵热水机组由压缩机、蒸发器、膨胀阀、冷凝器等部件组成。其工作原理是通过压缩机做功，使工质产生物理变相（气态→液态→气态），利用这一往复循环相变过程不断吸热和放热，由吸热装置吸取免费的热量，经过换热器使冷水升温，制取的热水通过水循环系统送至用户。

空气源热泵系统区别于其他热泵系统最主要在于其热源方面，空气源热泵系统的热源是空气，这种热源形式利用最方便，但是由于空气温度随季节变化很大，冬季环境温度的昼夜变化很大，环境温度降低时系统则因为蒸发冷凝温差增加，供热量反而减小；在夏季，天气炎热时室内需要的冷量也就越大，系统却会因为冷凝温度的上升，制冷量反而减小。因此，满足最恶劣状况的要求进行热泵系统设计、生产、选型是空气源热泵系统基本要求。一般来讲，除了寒冷地区单供暖的形式外，按照夏季冷负荷选择的机组能够满足冬季供暖的要求。在室外供暖计算温度很低的寒冷地区，空气源热泵的蒸发温度将很低。压缩机在高压比下工作，必然导致压缩机的容积效率、指示效率下降。这样热泵的制热能力和制热性能系数都将下降，因此在这些地区最好采用双级压缩的热泵系统，或者采用超低温数码涡旋蒸气地板辐射供暖系统。

空气源热泵中央空调系统的特点如下：

①高效节能、运行可靠：变频技术、数码涡旋空气源热泵技术、双级压缩技术、准二级压缩、喷液增焓、喷液汽化冷却技术的不断发展，极大地丰富了热泵技术，加之热泵系统的优化设计、精心制造、模块化组合，机组互为备用等先进技术的运用，在很大程度上提高了空气源热泵机组运行的可靠性，保证了热泵系统可靠、高效、节能地运行。

②节约投资：一机两用，夏季供冷、冬季供暖，节约初投资。

③节约建筑面积：外墙面、层顶等均可放置，不需要专用机房，节省了建筑空间。

④洁净环保：采用风源系统，无须冷却水系统和锅炉房加热系统；只使用电力，环境清洁，大大提高了机组的环境相容性。

⑤适用广泛：不同系列、规格的空气源热泵机组，根据不同的气候条件和地理环境设计、生产，无须统一供应热源或冷源介质，因此便于小型化，用户选择余地大，适用范围更广泛。

三、水源热泵系统

水源热泵分为地表水（河川水、湖水、海水）和地下水（深井水、泉水、地下热水等），也可以是生活废水、工业废水。

（一）水源热泵的特点

1. 水源热泵的优点

①水源热泵机组可利用的水体温度冬季为 12～22℃，水体温度比环境空气温度高，所以热泵循环的蒸发温度提高，能效比也提高。而夏季水体温度为 18～35℃，水体温度比环境空气温度低，所以制冷的冷凝温度降低，使得冷却效果好于风冷式和冷却塔式，机组效率提高。据美国环保署 EPA 估计，设计安装良好的水源热泵，平均来说可以节约用户 30％～40％的供暖制冷空调的运行费用。

②水体的温度一年四季相对稳定，其波动的范围远远小于空气的变动。水体温度较恒定的特性，使得热泵机组运行更可靠、稳定，也保证了系统的高效性和经济性。不存在空气源热泵的冬季除霜等难点问题。

2. 水源热泵系统的缺点

①可利用的水源条件限制，水源热泵理论上可以利用一切的水资源，其实在实际工程中，不同的水资源利用的成本差异是相当大的。目前的水源热泵利用方式中，闭式系统一般成本较高，而开式系统能否寻找到合适的水源就成为使用水源热泵的限制条件。对开式系统，水源要求必须满足一定的温度、水量和清洁度。

②水层的地理结构的限制，对于从地下抽水回灌的使用，必须考虑使用地的地质结构，确保可以在经济条件下打井找到合适的水源，同时还应当考虑当地的地质和土壤的条件，保证用后尾水的回灌可以实现。

③投资的经济性由于受到不同地区、不同用户及国家能源政策、燃料价格的影响，水源的基本条件的不同，一次性投资及运行费用会随着用户的不同而有所不同。虽然总体来说，水源热泵的运行效率较高、费用较低，但与传统的空调制冷供暖方式相比，在不同地区不同需求的条件下，水源热泵的投资经济性会有所不同。

（二）地表水源热泵系统

地表水换热系统就是通过取水口，并经简单污物过滤装置处理，然后在循环泵的驱动下，将处理后的地表水直接送入热泵机组或通过中间换热器进行换热的系统。闭式地表换热系统就是将封闭的换热盘管按照特定的排列方式放入具有一定深度的地表水体中，传热介质通过换热盘管管壁与地表水进行热交换的系统。目前，在闭式地表水换热系统中常采用的换热盘管通常有两种形式：一种是松散捆卷盘管，即从紧密运输捆卷中松散盘管，重新组成松散卷，并加重物；另一种是伸展开盘管或"slinky"盘管。

开式地表水源热泵系统和闭式地表水源热泵系统的换热形式相比，后者具有如下特点：

①闭式环路中的循环介质（水或添加防冻剂的水溶液）清洁，避免了系统内的堵塞现象。但封闭的盘管外表面可能会结有污泥（垢）等污物，尤其是在盘管底部产生污泥的现象时有发生。

②闭式环路系统中的循环水泵的扬程只须克服系统中的流动阻力，因此，相对于开式地表水源热泵系统中的泵功率要小。

③由于闭式环路中的循环介质与地表水之间换热的要求，循环介质的温度一般要比地表水水温低 2~7℃，由此将会引起水源热泵机组的特性降低，即机组的 EER 值或 COP 值相对于开式系统略有下降。

（三）地下水源热泵

地下水源热泵系统是采用地下水作为低品位热源，并利用热泵技术，达到为使用对象供暖或供冷的一种系统。地下水源热泵系统适合于地下水资源丰富，并且当地资源管理部门允许开采利用地下水的场合。

地下水是指埋藏和运移于地表以下含水层中的水体。地下水分布广泛，水量也较稳定，水质比地表水好。因土壤的隔热和蓄热作用，水温随季节变化较小，特别是深水井的水温常年基本不变，对热泵运行十分有利。一般比当地平均气温高1～2℃。我国地下水水温约为4℃，东北中部地区地下水水温为8～12℃，东北南部地区地下水水温为12～14℃，华北地区地下水温度为15～19℃，华东地区地下水温度为19～20℃，西北地区地下水温度为18～20℃。由于地下水的温度恒定，与空气相比，在冬季的温度较高，在夏季的温度较低，另外，相对于室外空气来说，水的比热容较大，传热性能好，所以热泵系统的效率较高，仅需少量的电量即能获得较多的热量或冷量，通常的比例能达到1：4以上。

与地下水进行热交换的地下水源热泵系统，根据地下水是否直接流经水源热泵机组，分为间接地下水源热泵系统和直接地下水源热泵系统两种。

1. 间接地下水源热泵系统

在间接地下水源热泵系统中，地下水通过中间换热器与建筑物内循环水系统分隔开来，经过热交换后返回同一含水层。

（1）间接地下水源热泵系统与直接地下水源热泵系统相比，具有如下优点：

①可以避免地下水与水源热泵机组、水环路及附件的腐蚀与堵塞。

②减少外界空气与地下水的接触，避免地下水氧化。

③可以方便地通过调节井水水流量来调节环路的水温。

根据热泵机组的分布形式，间接地下水源热泵系统可分为集中式地下水源热泵系统和分散式地下水源热泵系统。

（2）集中式地下水源热泵系统是指热泵机组集中设置在水源热泵机房内，热泵机组产生的冷冻水或热水通过循环水泵，输送至末端的系统。

集中式地下水源热泵系统的特点如下：

①冷、热源集中调节和管理。

②水源热泵机组的效率较分散式水－空气机组高。

③机房占地面积较分散式系统大。

④可以与各种不同末端系统结合，如风机盘管、组合式空气处理机组、辐射式供冷供暖系统等。

（3）分散式地下水源热泵系统是采用地下水作为低位冷、热源的水环热泵系统。水环热泵系统是小型水－空气热泵的一种应用方式，即利用水环路将小型水-空气热泵机组并联在一起，构成以回收建筑物内部余热为主要特征的热泵供暖、供冷的系统。

分散式地下水源热泵系统的主要特点如下：

①可回收建筑物内区余热。

②机房占地面积较小。

③控制灵活，可以满足不同房间不同温度的需求。

④应用灵活，便于计量。

⑤单从热泵机组能效比来看，小型水-空气热泵机组较水-水热泵机组低。

⑥压缩机分布在末端，噪声较一般风机盘管系统大，需要采取防噪措施。

目前，国内地下水源热泵系统中，较多采用的是集中式地下水源热泵系统。但是，分散式地下水源热泵系统由于其调节、计量等方面的优势，正在得到越来越多的工程应用，具有较好的前景。

2. 直接地下水源热泵系统

当地下水水量充足、水质好、具有较高的稳定水位时，可以选用直接地下水源热泵系统。选用该系统时，应对地下水进行水质分析，以确定地下水是否达到热泵机组要求的水质标准，并鉴别出一些腐蚀性物质及其他成分。

从保障地下水安全回灌及水源热泵机组正常运行的角度，地下水尽可能不直接进入水源热泵机组。

（四）污水源热泵

污水源热泵系统是以城市污水作为水源热泵系统的冷热源的废热利用系统。由于城市污水因一年四季温度变化较小，数量较稳定，具有冬暖夏凉的温度特征，且储存的热量较多，易于通过城市污水管道进行收集等特点，被公认为是较理想的可回收和利用的低温清洁能源。

污水源热泵系统按工艺流程分为开式和闭式两类。开式与闭式是以进入热泵机组的载热水体是闭式循环还是开式循环而定义的。若水源水直接进入热泵机组的蒸发器或冷凝器则是开式系统，若通过二次换热以中水进入的则为闭式系统。

污水源热泵系统除具有地源热泵系统和其他水源热泵系统的优点外，还具有以下特点：

①不受自然条件的影响。地源热泵系统的应用受地下水资源、地质条件、地表水资源、地表水的温度等自然资源条件的限制。而污水源热泵系统不受任何自然资源条件的限制，任何城市都可应用。

②污水年温度变化较小，系统运行能效较高。城市污水温度一年四季变化

比较小，即便是城市污水处理厂处理后的污水，一般也高于当地浅层地下水的温度。因此污水源热泵系统的制热效率比较高。

③污水量年变化不大，系统运行稳定可靠。城市污水中的生活污水排放量随季节有所变化，生产废水排放量随季节变化较小，因此总水量变化不大。加之在一个季节中污水水温变化比较小，也为热泵系统的稳定可靠运行提供了条件。

④对污水中的污物要采取措施。污水中的悬浮物、油脂类、腐蚀性化合物，对污水流经的设备会造成结垢、堵塞、腐蚀等。因此污水源热泵系统必须采取有效的措施，解决这些问题。尤其是原生污水源热泵系统。

污水源热泵系统在有二级出水的城市污水处理厂以及城市污水干渠（管）附近，可以考虑应用。

该系统方案设计前，要考虑以下一些问题：

①可利用的污水量应满足建筑物最大冷负荷和热负荷的要求，且污水水温满足热泵机组的要求。

②优先考虑采用城市污水处理厂处理后的二级出水，其原因是二级出水的水质远好于城市原生污水，二级出水中的悬浮物、油脂类、硫化氢等均为原生污水中的十分之一乃至几十分之一，尤其是污水中的悬浮物。

③宜在城市污水处理厂附近建设大型污水源热泵站。所谓的热泵站是指将大型热泵机组集中布置在同一机房内，制备热水通过城市管网向一定区域的用户供暖的热力站。

④原生污水源热源系统不能大规模应用。其原因是大规模应用原生污水热泵系统，冬季使到达污水处理厂的原生污水温度降低，将影响城市污水处理厂对污水的处理效果或处理成本。

⑤原生污水源宜考虑采用闭式污水源热泵，城市二级出水和中水宜考虑采用开式污水源热泵系统。

（五）海水源热泵

海水源热泵系统是地表水源热泵系统的一种。

海洋是巨大的可再生能源，非常适合用作地源热泵的低温热源与热汇。海洋与江（河）、湖相比具有的特性有潮汐、海水腐蚀性、海洋生物等。因此，海水源热泵水源系统的设计必须考虑这些特殊影响因素，与海水接触的所有设备、部件及管道应具有防腐、防生物附着的能力；与海水连通的所有设备、部件及管道应具有过滤、清理的功能。海水源热泵系统的设计除水源系统需特殊考虑外，其余与地表水源热泵系统基本相同。

1. 海水源热泵系统概述

大型海水源热泵系统是由海水取水构筑物、海水泵站、热泵站、供暖与供冷管网、末端用户的供暖/供冷系统组成的。海水取水构筑物的作用是安全可靠地从海中取海水；海水泵站的功能是将取得的海水输送到热泵站内相关的设备（换热器或热泵机组）后，将海水再次排放到海中；热泵站的功能是利用热泵机组提取海水的热量或冷量，加热或冷却，供暖与空调用的热媒或冷媒（冷冻水）；供暖与供冷管网将热媒与冷媒输送到各个热用户，再由用户末端系统向建筑物内分配冷量或热量，创造和维持要求工作与居住的热湿环境。

2. 海水源热泵系统的形式

根据热泵机组的布置形式，海水源热泵系统分为集中式海水源热泵系统和分散式海水源热泵系统两类。

（1）集中式海水源热泵系统。集中式海水源热泵系统是指将海水源热泵机组集中设置在一个机房内，制备的冷（热）水通过外网输送到各个用户或小区。目前国内应用的是集中式海水源热泵系统。

（2）分散式海水源热泵系统。分散式海水源热泵系统是指将海水（或经换热器转换的水）输送到用户或小区，并在用户或小区配置热泵，以满足用户或小区供暖与供冷的需要。

集中式和分散式海水源热泵系统的特点与其他集中式和分散式热泵系统特点相同。

3. 防止海水腐蚀与防止海洋生物的主要措施

与海水接触的所有设备、部件及管道都应具有防腐的能力和采取防生物附着的措施，都应具有过滤、清理的功能。防止海水腐蚀与防治海洋生物可采取以下主要措施：

（1）防治海水腐蚀的主要措施如下：

①采用耐腐蚀的材料及设备，如采用铝黄铜、镍铜、铸铁、钛合金以及非金属材料制作的管道、管件、阀门等；专门设计的耐海水腐蚀的循环泵等。

②表面涂敷防护，如管内壁涂防腐涂料，采用有内衬防腐材料的管件、阀门等；涂料有环氧树脂漆、环氧沥青涂料、硅酸漆等。

③采用阴极保护，通常的做法有牺牲阳极保护法和外加电流的阴极保护法。

④宜采用强度等级较高的抗硫酸盐水泥及制品，或采用混凝土表面涂敷防腐技术。

（2）防治和清除海生生物的主要方法如下：

①设置过滤装置，如拦污栅、隔栅、筛网等粗过滤和精过滤装置。

②投放药物，如氧化型杀生剂（氯气、二氧化氯、臭氧）和非氧化型杀生剂（十六烷基化吡啶、异氰尿酸酯等）。

③电解海水法，电解产生的次氯酸钠可杀死海洋生物幼虫或虫卵。

④含毒涂料保护法等，通常以加氯法采用较多且效果较好。

我国海岸线长，有众多的岛屿和半岛，目前沿海城市是发展最快的地区，有很多地区正在考虑大规模地整体开发，同时沿海城市又是冷、热负荷最集中的地区。如果当地地理优势和这项技术充分结合就能大大缓解空调用电的压力，并且对环境保护有很大的帮助，同时可以带来巨大的经济效益和社会效益。国外应用工程的经验也是系统规模越大，整体的经济效益也就越好。同时海水源热泵系统取消了空调系统的冷却设备，可以节约大量的淡水资源，这一点对于淡水匮乏的地区而言意义也很大。

四、地源热泵系统

地源热泵系统主要由地源热泵机组、土壤型换热器、膨胀水箱、循环水泵、室内风管、水管等组成。地源热泵机组有水－水和水－空气两种形式。地源热泵机组与空气源热泵不同的就是主机无须放在室外。地源热泵机组可安装于卫生间吊顶内、储藏室或室内其他隐蔽处。

（一）地源热泵系统的组成

地源热泵系统通过中间传热介质（水或以水为主要成分的防冻液）在封闭的地下埋管中流动，实现系统与大地之间的传热。地源热泵系统一般由以下三个环路组成：

1. 室外环路

在地下，由高强度塑料管组成的封闭环路，其中间传热介质为水或防冻液。冬季它从周围土壤（地层）吸收热量，夏季向土壤（地层）释放热量。室外环路中的中间传热介质与热泵机组之间通过换热器交换热量。其循环由一台或数台循环泵来实现。

2. 制冷剂环路

制冷剂环路即热泵机组内部的制冷循环环路，与空气源热泵相比，只是将空气/制冷剂换热器换成水/制冷剂换热器，其他结构基本相同。

3. 室内环路

室内环路是将热泵机组的制热（冷）量输送到建筑物，并分配给每个房间或区域，传递热量的介质有空气、水或制冷剂等，而相应的热泵机组分别为水/空气热泵机组、水/水热泵机组或热泵式水冷多联机。

有的地源热泵系统还设有加热生活热水的环路。将水从生活热水箱送到冷凝器进行循环的封闭加热环路，是一个可供选择的生活热水的环路。对夏季工况，该循环可充分利用冷凝器排放的热量，基本不消耗额外的能量而得到热水供应；在冬季，其耗能也大大低于电热水器。

（二）地源热泵系统的分类

1. 水平埋管地源热泵系统

当室内负荷比较小、土壤换热器长度比较短时，可以把与单回路管子随开挖土方施工，直接埋入地下。

当室内负荷比较大、土壤换热器长度比较长时，就需要考虑换热器的布置问题，常用的布置方式有串联式水平埋管和并联式水平埋管两种。对于水平埋管系统，其优点是：安装费用比垂直埋管系统低，应用广泛，使用者易于掌握；其缺点是：占地面积大，受地面温度影响大，水泵耗电量大。

2. 垂直埋管地源热泵系统

当室内负荷比较小、土壤换热器长度比较短，换热器井数比较少，可以直接接入机房。当室内负荷比较大、土壤换热器长度比较长时，就需要考虑换热器井群的布置问题，一般是若干口井汇集到集水器中，然后统一由干管接入机房。垂直埋管地源热泵系统有一种特殊形式是桩基换热器（或叫作能量桩），即在桩基里布设换热管道。与桩基换热器类似，由桥板中埋管的地源热泵自动融雪的桥被称为地热智能桥。雪落到桥面后，这些盘管利用地热将雪融化。地源热泵的开启靠输入的当地气象参数来控制。

对于垂直埋管地源热泵系统，其优点是：较小的土地占用，管路及水泵用电少，松散颗粒或裂隙胶结为整体，形成一个良好的结石体。灌浆改善了板底原有的受力状态，恢复了板体与地基的连续性，可达到加固基础、治理病害的目的。

（三）地源热泵系统的特点

1. 低维护

地源热泵系统的运动部件要比常规系统少，因而减少了维护，并且更加可靠。由于系统安装在室内，不暴露在风雨中，也可免遭损坏，延长了寿命。

2. 安全

地源热泵系统在运行中没有燃烧，因此不可能产生二氧化碳、一氧化碳之类的废气集结在家中或商业建筑内；也不存在丙烷气体，因而也不会有发生爆炸的危险。

3. 运行费用低

地源热泵系统的效率比燃烧矿物燃料、燃油、天然气和丙烷的设备都高。它只用一点电，运行费用较低。

4. 舒适

由于地源热泵系统的供冷、供暖更为平稳，降低了停、开机的频率和空气过热和过冷的峰值。这种系统更容易适应供冷、供暖负荷的分区。

5. 可靠

如果安装适当，系统将可使用 25 年以上。住宅地源热泵系统一般仅有一台电动风机、一台小型循环水泵、一台压缩机，如有需要可增设一台生活热水的循环水泵。因此，该系统设备简单，运行可靠。

6. 易于改建

建筑物中现有的供暖、供冷风管通常可直接连接到地源热泵系统上。环路系统可安装在诸如房屋前、后园地中。

五、太阳能热泵系统

太阳能热泵系统根据太阳能集热器与热泵的组合形式可以分为直膨式和非直膨式。

（一）直膨式太阳能热泵系统

直膨式太阳能热泵系统是将太阳能集热器作为热泵的蒸发器。这种系统中集热器多采用平板式，结构简单，性能良好。

（二）非直膨式太阳能热泵系统

非直膨式太阳能热泵系统将太阳能热水系统和热泵联合起来，是太阳能集热器和热泵的蒸发器相对独立的热泵系统。根据太阳能热水系统与热泵的连接形式，非直膨式太阳能热泵系统可以分为串联式、并联式、混联式。

在非直膨串联式太阳能热泵系统中；经太阳能集热器加热的热水经过太阳能蓄热器，再流经热泵的蒸发器。当太阳能辐射不足时，蒸发器中出来的冷水经过太阳能蓄热器，吸收热量后再进入蒸发器。

在非直膨并联式太阳能热泵系统中，太阳能热水系统与热泵系统独立工作，互为补充。当太阳能辐射不足时，热泵系统运行，或两者一起运行。

在非直膨混联式太阳能热泵系统中，当太阳能辐射很小时，开启空气侧蒸发器，即空气源热泵运行；当太阳能辐射足够时，不需要开启热泵，直接利用太阳能即可满足供暖要求；当外界条件位于两者之间时，热泵利用蓄热水箱中的热水作为热源进行工作，即按水源热泵运行。

第三节 风力发电技术及应用

一、风能的基本特征

各地风能资源的多少,主要取决于该地每年刮风的时间长短和风的强度如何。因此要了解关于风能的最基本知识,了解风的某些特性,例如风速、风级、风能密度等。

(一) 风速

风的大小常用风的速度来衡量,风速是单位时间内空气在水平方向上所移动的距离。专门测量风速的仪器,有旋转式风速计、散热式风速计和声学风速计等。它是计算在单位时间内风的行程,常以 m/s、km/h、mile/h 等来表示。因为风速是不恒定的,所以经常变化,甚至瞬息万变。风速是风速仪在一个极短时间内测到的瞬时风速。若在指定的一段时间内测得多次瞬时风速,将它平均计算起来,就得到平均风速。例如,日平均风速、月平均风速或年平均风速等。当然,风速仪设置的高度不同,所得风速也不同,它是随高度升高而增强的。通常测风速高度为 10m。根据风的气候特点,一般选取 10 年风速资料中年平均风速最大、最小和中间的三个年份为代表年份,分别计算该三个年份的风功率密度然后加以平均,其结果可以作为当地常年平均值。

风速是一个随机性很大的量,必须通过一定长度时间的观测计算出平均风功率密度。对于风能转换装置而言,可利用的风能是在"起动风速"到"停机风速"之间的风速段,这个范围的风能即为"有效风能",该风速范围内的平均风功率密度称为"有效风功率密度"。

(二) 风级

风级是根据风对地面或海面物体影响而引起的各种现象,按风力的强度等级来估计风力的大小。早在 1805 年,英国人蒲福(Francis Beaufort,1774 到 1859 年)就拟定了风速的等级,国际上称为"蒲福风级"。自 1946 年以来风力等级又做了一些修订,由 13 个等级改为 18 个等级,实际上应用的还是 0~12 级的风速,所以最大的风速即为人们常说的刮 12 级台风。

(三) 风能密度

通过单位截面积的风所含的能量称为风能密度,其单位常以 W/m² 来表示。风能密度是决定风能潜力大小的重要因素。风能密度和空气的密度有直接关系,而空气的密度则取决于气压和温度。因此,不同地方、不同条件的风能密度是不同的。一般来说，海边地势低，气压高，空气密度大，风能密度也就高。在这种情况下，若有适当的风速，风能潜力自然大。

高山气压低，空气稀薄，风能密度就小些。但是如果高山风速大，气温低，仍然会有相当的风能潜力。所以说，风能密度大，风速又大，则风能潜力最好。

二、风力发电系统

（一）风力发电系统的组成

风力发电系统通常由风轮、对风装置、调速机构、传动装置、发电装置、储能装置、逆变装置、控制装置、塔架及附属部件组成。

风轮是集风装置，它的作用是把流动空气具有的动能转变为风轮旋转的机械能。风轮一般由叶片、叶柄、轮毂及风轮轴等组成。要获得较大的风力发电功率，其关键在于要具有能轻快旋转的叶片。所以，风力发电机叶片技术是风力发电机组的核心技术，叶片的翼型设计、结构形式，直接影响风力发电装置的性能和功率，是风力发电机中最核心的部分。

自然风不仅风速经常变化，而且风向也经常变化。垂直轴式风轮能利用来自各个方向的风，它不受风向的影响。但是对于使用最广泛的水平轴螺旋桨式或多叶式风轮来说，为了能有效地利用风能，应该经常使其旋转面正对风向，因此，几乎所有的水平轴风轮都装有转向机构。常用风力发电机的对风装置有尾舵、舵轮、电动机构和自动对风4种。

风轮的转速随风速的增大而变快，而转速超过设计允许值后，将可能导致机组的毁坏或寿命的减少，有了调速机构，即使风速很大，风轮的转速仍能维持在一个较稳定的范围之内，防止超速乃至飞车的发生。

将风轮轴的机械能送至做功装置的机构，称为传动装置。在传动过程中，距离有远有近，有的需要改变方向，有的需要改变速度。风力机的传动装置多为齿轮、传动带、曲柄连杆、联轴器等。

发电机分为同步发电机和异步发电机两种。同步发电机主要由定子和转子组成。定子由开槽的定子铁心和放置在定子铁心槽内按一定规律连接成的定子绕组构成；转子上装有磁极和使磁极磁化的励磁绕组。异步发电机的定子与同步发电机的定子基本相同，它的转子分为绕线转子和笼型转子。

风力发电机最基本的储能方法是使用蓄电池。在风力发电机组中使用最多的还是铅酸蓄电池，尽管它的储能效率较低，但是它的价格便宜。任何蓄电池的使用过程都是充电和放电过程反复地进行着，铅酸蓄电池使用寿命为2～6年。

逆变器是一种将直流电变成交流电的装置,有的逆变器还兼有把交流电变成直流电的功能。

由于风能是随机性的,风力的大小时刻变化,必须根据风力大小及电能需要量的变化及时通过控制装置来实现对风力发电机组的起动、调节、停机、故障保护以及对电能用户所接负荷的接通、调整及断开等。在小容量的风力发电系统中,一般采用由继电器、接触器及传感元件组成的控制装置;在容量较大的风力发电系统中,现在普遍采用微机控制。

在风能利用装置中,风轮塔架很重要,塔架必须能够支承发电机的机体,其费用约占整个机组的30%,它的类型主要有桁架式、管塔式等。

此外,风机的附属部件主要有机舱、机头座、回转体、停车机构等。

(二)风力发电系统的运行方式

风力发电系统的运行方式可分为独立运行、并网运行、集群式风力发电站、风力-柴油发电系统等。

1. 独立运行

风力发电机输出的电能经蓄电池蓄能,再供应用户使用。3~5kW以下的风力发电机多采用这种运行方式,可供边远农村、牧区、海岛、气象台站、导航灯塔、电视差转台、边防哨所等电网达不到的地区利用。根据用户需求,可以进行直流供电和交流供电。直流供电是小型风力发电机组独立供电的主要方式,它将风力发电机组发出的交流电整流成直流电,并采用储能装置储存剩余的电能,使输出的电能具有稳频、稳压的特性。交流直接供电多用于对电能质量无特殊要求的情况,例如加热水、淡化海水等。在风力资源比较丰富而且比较稳定的地区,采取某些措施改善电能质量,也可带动照明、动力负荷。此外,也可通过"交流-直流-交流"逆变器供电。先将风力发电机发出的交流电整流成直流电,再用逆变器把直流电变换成电压和频率都很稳定的交流电输出,保证了用户对交流电的质量要求。

2. 风力-柴油发电系统

采用风力-柴油发电系统可以实现稳定持续地供电。这种系统有两种不同的运行方式。其一为风力发电机与柴油发电机交替运行,风力发电机与柴油发电机在机械上及电气上没有任何联系,有风时由风力发电机供电,无风时由柴油发电机供电。其二为风力发电机与柴油发电机并联后向负荷供电。这种运行方式,技术上较复杂,需要解决在风况及负荷经常变动的情况下两种动态特性和控制系统各异的发电机组并联后运行的稳定性问题。在柴油机连续运转时,当风力增大或电负荷小时,柴油机将在轻载下运转,会导致柴油机效率低;在柴油机断续运转时,可以避免这一缺点,但柴油机的频繁起动与停机,对柴油机的维护保养是不利的。为了避免这种由于风力及负荷变化而造成的柴油机的频繁起动与停机，可采用配备蓄电池短时间储能的措施：当短时间内风力不足时可由蓄电池经逆变器向负荷供电；当短时间内风力有余或负荷减小时，就经整流器向蓄电池充电，从而减少柴油机的停机次数。

3. 并网运行

风力发电机组的并网运行，是将发电机组发出的电送入电网，用电时再从电网把电取回来，这就解决了发电不连续及电压和频率不稳定等问题，并且从电网取回的电的质量是可靠的。

风力发电机组采用两种方式向网上送电：一种是将机组发出的交流电直接输入网上；另一种是将机组发出的交流电先整流成直流，然后再由逆变器变换成与电力系统同压、同频的交流电输入电网。无论采用哪种方式，要实现并网运行，都要求输入电网的交流电具备下列条件：电压的大小与电网电压相等；频率与电网频率相同；电压的相序与电网电压的相序一致；电压的相位与电网电压的相位相同；电压的波形与电网电压的波形相同。

并网运行是为克服风的随机性而带来的蓄能问题的最稳妥易行的运行方式，可达到节约矿物燃料的目的。10kW以上直至兆瓦级的风力发电机皆可采用这种运行方式。

（三）风电场选址

一个风电场址宏观选择得优劣，对项目经济可行性起主要作用。而控制一个场址经济潜力的主要因素之一是风能资源的特性。在近地层，风的特性是十分复杂的，它在空间分布上是分散的，在时间分布上也是不稳定和不连续的。风速对当地气候十分敏感，同时，风速的大小、品位的高低又受到风场地形、地貌特征的影响。所以要选择风能资源丰富的有利地形，进行分析，加以筛选。另外，还要结合征地价格、工程投资、交通、通信、联网条件、环保要求等因素进行经济和社会效益的综合评价，最后确定最佳场址。

风电场宏观选址程序可以分为以下3个阶段。

第一阶段，参照国家风能资源分布区划，首先在风能资源丰富地区内候选风能资源区。每一个候选区应具备以下特点：有丰富的风能资源，在经济上有开发利用的可行性；有足够面积，可以安装一定规模的风力发电机组；具备良好的地形、地貌，风况品位高。

第二阶段，将候选风能资源区再进行筛选，以确认其中有开发前景的场址。在这个阶段，非气象学因素，比如交通、通信、联网、土地投资等因素对该场址的取舍起着关键作用。以上筛选工作需搜集当地气象台站的有关气象资料，灾害性气候频发的地区应该重点分析其建厂的可行性。

第三阶段，对准备开发建设的场址进行具体分析，做好以下工作：①进行现场测风，取得足够的精确数据，一般来说，至少取得一年的完整测风资料，以便对风力发电机组的发电量做出精确估算。②确保风资源特性与待选风力发电机组设计的运行特性相匹配。③进行场址的初步工程设计，确定开发建设费用。④确定风力发电机组输出对电网系统的影响。⑤评价场址建设、运行的经济效益。⑥对社会效益的评价。

三、风力发电技术应用

近年来，我国风电设备制造企业先后推出了多种低风速风电机组，其中表现优异者可使年平均风速仅有 5.2m/s 的超低风速地区具备风能开发价值。在当前治理雾霾和减排温室气体的严峻形势下，我国能源转型需进一步提速，风能及可再生能源的发展目标需要重新评估并大幅提高，风电场开发速度仍需加快，在并网条件较好的低风速地区因地制宜开发风能具有积极意义。

随着风电设备行业竞争的不断加剧，大型风电设备企业间并购整合与资本运作日趋频繁，国内优秀的风电设备生产企业越来越重视对行业市场的研究，特别是对企业发展环境和客户需求趋势变化的深入研究。正因为如此，一大批国内优秀的风电设备品牌迅速崛起，逐渐成为风电设备行业中的翘楚。

风力发电的未来是否能有广阔的前景，风力发电是否能够得到迅速的推广和应用，这要看风力发电与常规的传统发电相比较之后的综合性价比。如果站在投资方的角度看，我国的风电投资的经济性不很明显。但是如果从长远的利益去思考，因为风电投资主要是以风电设备为主体，所以其一次性的投入较大，之后随着风电规模的不断扩大将使得风电投资的成本不断下降，风电产业具有很好的潜力。

如果站在风电项目运行的社会效应角度，只在风电规模下，风电并网的附加成本几乎为零，相对的风电节能和减排的社会贡献显著。当产生一定的风电并网附加成本时，因为随着发电量的增加，风电的环境效益也随之增加。所以，只要风电技术的应用产生的节能减排贡献和收益高于风电并网的附加成本，风电项目就具有可实施性，并具有较为突出的社会效益。

目前我国风电装机较为集中的区域主要有古、甘肃、河北、新疆、山东等风能资源丰富的北方省、区，但随着并网与消纳等"下游因素"影响日益凸显，我国风电"版图"正在发生变化，即向并网条件较好的低风速地区"倾斜"。

我国目前是风电装机容量最多的国家，同时我国具有丰富的风资源开发潜力，风电有望成为未来主流能源的基础。

第四节　生物质能源技术及应用

一、生物质能源的概述

（一）生物质的定义

生物质是指利用大气、水、土地等通过光合作用而产生的各种有机体，即一切有生命的可以生长的有机物质通称为生物质。它包括植物、动物和微生物。广义概念：生物质包括所有的植物、微生物以及以植物、微生物为食物的动物及其生产的废弃物。有代表性的生物质如农作物、农作物废弃物、木材、木材废弃物和动物粪便等。狭义概念：生物质主要是指农林业生产过程中除粮食、果实以外的秸秆、树木等木质纤维素（简称木质素）、农产品加工业下脚料、农林废弃物及畜牧业生产过程中的禽畜粪便和废弃物等物质。

我国通常认为生物质是指由"光合作用"而产生的有机物，既有植物类，如树木及其加工的剩余物、农作物及其剩余物（秸秆类物质），也有非植物类，如畜牧场的污物（牲畜粪便及污水）、废水中的有机成分以及垃圾中的有机成分等。所谓"光合作用"是指植物利用空气中的二氧化碳和土壤中的水，将吸收的太阳能转换为碳水化合物和氧气的过程。

（二）生物质能源分类

依据来源的不同，可以将适合于能源利用的生物质分为林业生物质资源、农业生物质能资源、生活污水和工业有机废水、城市固体废物和畜禽粪便5大类。

1. 林业生物质资源

林业生物质资源是指森林生长和林业生产过程提供的生物质能源，包括薪炭林、在森林抚育和间伐作业中的散木材、残留的树枝、树叶和木屑等；木材采运和加工过程中的枝丫、锯末、木屑、梢头、板皮和截头等；林业副产品的废弃物，如果壳和果核等。

2. 农业生物质能资源

农业生物质能资源是指农业作物（包括能源作物）；农业生产过程中的废弃物，如农作物收获时残留在农田内的农作物秸秆（玉米秸、高粱秸、麦秸、稻草、豆秸和棉秆等）；农业加工业的废弃物，如农业生产过程中剩余的稻壳等。能源植物泛指各种用以提供能源的植物，通常包括草本能源作物、油料作物、制取碳氢化合物植物和水生植物等几类。

3. 生活污水和工业有机废水

生活污水主要由城镇居民生活、商业和服务业的各种排水组成，如冷却水、洗浴排水、盥洗排水、洗衣排水、厨房排水、粪便污水等。工业有机废水主要是酒精、酿酒、制糖、食品、制药、造纸及屠宰等行业生产过程中排出的废水等，其中都富含有机物。

4. 城市固体废物

城市固体废物主要由城镇居民生活垃圾，商业、服务业垃圾和少量建筑业垃圾等固体废物构成。其组成成分比较复杂，受当地居民的平均生活水平、能源消费结构、城镇建设、自然条件、传统习惯以及季节变化等因素影响。

5. 畜禽粪便

畜禽粪便是畜禽排泄物的总称，它是其他形态生物质（主要是粮食、农作物秸秆和牧草等）的转化形式，包括畜禽排出的粪便、尿及其与垫草的混合物。

（三）生物质能利用技术

人类对生物质能的利用已有悠久的历史，但是在漫长的时间里，一直是以直接燃烧的方式利用它的热量，直到 20 世纪，特别是近年，人们普遍提高了能源与环保意识，对地球固有的化石燃料日趋减少有一种危机感，在可再生能源方面寻求持续供给的今天，生物质利用新技术的研究与应用，才有了快速的发展。

二、生物质燃烧技术

（一）生物质燃料与燃烧

生物质燃料，又称生物质成型燃料，是应用农林废弃物（如秸秆、锯末、甘蔗渣、稻糠等）作为原材料，经过粉碎、混合、挤压、烘干等工艺，制成各种形状（如颗粒状）的，可直接燃烧的一种新型清洁燃料。

固体燃料的燃烧按燃烧特征，通常分为以下几类：

1. 表面燃烧

表面燃烧指燃烧反应在燃料表面进行，通常发生在几乎不含挥发分的燃料中，如木炭表面的燃烧。

2. 分解燃烧

当燃料的热解温度较低时，热解产生的挥发分析出后，与 O 进行气相燃烧反应。当温度较低、挥发分未能点火燃烧时，将会冒出大量浓烟，浪费了大量的能源。生物质的燃烧过程属于分解燃烧。

3. 蒸发燃烧

蒸发燃烧主要发生在熔点较低的固体燃料中。燃料在燃烧前首先熔融为液态，然后再进行蒸发和燃烧（相当于液体燃料）。

（二）省柴灶

人类使用以薪柴、秸秆、杂草和牲畜粪便等为燃料的柴炉、柴灶已经有几千年的历史了，大体上经历了原始炉灶、旧式炉灶、改良炉灶和省柴灶4个阶段。原始炉灶是用几块石头支撑锅或罐，在锅或罐的下面点火烧柴，用于炊事。旧式炉灶是用砖、土坯或石块垒成边框，把锅或罐架在上面，在边框一侧开口加柴，热效率为8%～10%。改良炉灶是在旧式炉灶的基础上增加炉箅并架砌烟囱，既改善了燃烧条件和卫生状况，又使热效率提高到12%～15%。

农村省柴灶是指针对农村广泛利用柴草、秸秆进行直接燃烧的状况，利用燃烧学和热力学的原理，进行科学设计而建造，或者制造出的适用于农村炊事、供暖等生活领域的用能设备。顾名思义，它是相对于农村传统的旧式炉、灶、炕而言的，不仅改革了内部结构，提高了效率，减少了排放，而且卫生、方便、安全。

三、生物质气化技术

（一）气化方法原理

生物质气化是在一定的热力学条件下，将组成生物质的碳氢化合物转化为含 CO、H_2CH_4 等可燃气体的过程，此过程实质是生物质中的碳、氢、氧等元素的原子，在反应条件下按照化学键的成键原理，变成 CO、H_2、CH_4 等可燃性气体的分子。这样生物质中的大部分能量就转移到这些气体中，这一生物质的气化过程的实现是通过气化反应装置完成的。

为了提供反应的热力学条件，气化过程需要供给空气或氧气，使原料发生部分燃烧。气化过程和常见的燃烧过程的区别是：燃烧过程中供给充足的氧气，使原料充分燃烧，目的是直接获取热量，燃烧后的产物是二氧化碳和水蒸气等不可再燃烧的烟气；气化过程只供给热化学反应所需的那部分氧气，而尽可能将能量保留在反应后得到的可燃气体中，气化后的产物是含 CO、H_2、CH_4 和低分子烃类的可燃气体。

（二）常见生物质气化炉

气化炉的实际使用设备有固定床气化炉、流动床气化炉、喷流床气化炉等主要形式。

1. 固定床气化炉

固定床气化炉是固体燃料燃烧和气化的基础设备，其构造较简单、装置费用较低。

固定床气化炉一般以大小为 2.5～5cm 的木材碎片为原料，在上部供料口投入，在炉内形成堆积层。气化剂（空气、氧气、水蒸气或这些气体的混合气体）由底部以上升流形式供给（气化方式中也有下降流形式）。气化反应由下部向上部推进。

从下部到上部，以灰分层、木炭层、挥发热分解层、未反应材料层的顺序，伴随着原料的气化过程而形成各个层次。

2. 流动床气化炉

流动床气化炉的炉底装填有直径为几毫米的砂或氧化铝颗粒，填充高度为 0.5～1m，在气化剂（通过多孔板下部供给）的流动化作用下形成 1～2m 高的床层。床温一般为 800～1000℃，但特殊情况下也有 600℃ 左右的。供给床层的原料在被流动材料搅拌的同时被加热，挥发组分发生汽化，而木炭则被粉碎。

上述原料的一部分与气化剂中的氧气发生燃烧，用于保持床温所需的热量。床温由原料供给量与气化剂中氧气浓度共同控制。

气化剂供给量必须能够维持床层流动化的空塔速度。该床体流动化所使用的气化剂的压力损失为 0.01MPa 左右，原料质量相对于流动材料质量的比例约为百分之几。

在流动床气化炉中，床部上方的自由空间（熔化室）具有重要作用。由于床层内气化剂与原料常常不能混合接触，与气化剂不能充分反应，挥发组分气体和木炭粒子在自由空间部位通过二次反应进行清洁气化。因此，在此处有必要提供新的气化剂，这称为二次气化剂，对流动床方式而言是绝对必要的。

3. 喷流床气化炉

喷流床气化炉采用的是将粉体用气流载入后进行燃烧的气化反应方式，也称为浮游床气化炉。

将生物质粉碎到 1mm 以下得到粉体。在微粉炭燃烧锅炉中，要求 74μm 以下的粒子达到 90% 左右，所以要用到微粉碎的方法。而在以生物质为原料时，其相对密度较小、挥发性组分较多且含氧元素，所以不需要进行像微粉炭那样的微粉碎。

（三）生物质气化的利用

生物质气化技术在国内的应用，目前主要有两个方面：一是产出的燃气用于供暖；二是燃气用来发电。

生物质气化集中供气系统已在我国许多省份得到了推广应用，在农民居住比较集中的村落，建造一个生物质气化站，就可以解决整个村屯居民的炊事和供暖所用的气体燃料。

用生物质气化产出的燃气烘干农林产品，对燃气的纯度和组分没有特殊要求。在保证空气供给的条件下，燃气在各种类型的燃烧室中均可连续燃烧，无须净化和长距离输送，设备简单，投资少，回收期短。较直接燃烧生物质供暖，热量损失小，热效率高，对于小型企业、个体户很有实用价值。燃气在燃烧室中燃烧，可直接用于木材、谷物、烟草、茶叶的干燥，也可用作畜舍供暖、温室加热等。

国际上生物质气化发电目前有三种基本形式：一是内燃机/发电机机组；二是汽轮机/发电机机组；三是燃气轮机/发电机机组。现在我国利用生物质燃气发电主要是第一种形式。它包括三个组成部分：一是生物质气化部分；二是燃气冷却、净化部分；三是内燃机/发电机机组。燃气可直接供给内燃机，也可由储气罐供给内燃机使用。现在国内采用的燃气净化方法是普通的物理方法，净化程度低，只能勉强达到内燃机的使用要求。

参考文献

[1] 姜杰. 智能建筑节能技术研究 [M]. 北京：北京工业大学出版社，2020.09.

[2] 李明君，董娟，陈德明. 智能建筑电气消防工程 [M]. 重庆：重庆大学出版社，2020.08.

[3] 张振中. 智能建筑综合布线工程 [M]. 成都：西南交通大学出版社，2020.03.

[4] 栗丽，催磊磊，王利平. 当代智能建筑设计原理与方法研究 [M]. 长春：吉林科学技术出版社，2020.02.

[5] 王刚，乔冠，杨艳婷. 建筑智能化技术与建筑电气工程 [M]. 长春：吉林科学技术出版社，2020.09.

[6] 伊庆刚，范继涛，邓蕾. 智能建筑工程及应用研究 [M]. 北京：现代出版社，2020.01.

[7] 牛云陞，徐庆继. 建筑智能化应用技术 [M]. 天津：天津大学出版社，2020.01.

[8] 卓刚. 高层建筑设计第3版 [M]. 武汉：华中科技大学出版社，2020.08.

[9] 杜明芳. 智慧建筑 [M]. 北京：机械工业出版社，2020.04.

[10] 方忠祥，戎小戈. 智能建筑设备自动化系统设计与实施 [M]. 北京：机械工业出版社，2021.07.

[11] 王子若. 建筑电气智能化设计 [M]. 北京：中国计划出版社，2021.01.

[12] 油飞. 建筑智能化技术实用教程 [M]. 天津：天津科学技术出版社，2021.11.

[13] 田娟荣. 建筑设备 [M]. 北京：机械工业出版社，2021.07.

[14] 侯文宝，李德路，张刚. 建筑电气消防技术 [M]. 镇江：江苏大学出版社，2021.01.

[15] 王君，陈敏，黄维华. 现代建筑施工与造价 [M]. 长春：吉林科学

技术出版社，2021.03.

[16] 尤志嘉，吴琛，郑莲琼. 智能建造概论［M］. 北京：中国建材工业出版社，2021.12.

[17] 杜涛. 绿色建筑技术与施工管理研究［M］. 西安：西北工业大学出版社，2021.04.

[18] 张立华，宋剑，高向奎. 绿色建筑工程施工新技术［M］. 长春：吉林科学技术出版社，2021.06.

[19] 李宗峰. 智能建筑施工与管理技术探索［M］. 天津：天津科学技术出版社，2022.06.

[20] 张升贵. 智能建筑施工与管理技术研究［M］. 长春：吉林科学技术出版社，2022.02.

[21] 赵靖编. 双一流高校建设十四五规划系列教材建筑设备与智能化技术［M］. 天津：天津大学出版社，2022.08.

[22] 张海龙，伍培. 智能建筑技术［M］. 北京：冶金工业出版社，2022.09.

[23] 张丽丽. 绿色建筑设计［M］. 重庆：重庆大学出版社，2022.04.

[24] 梅晓莉. 建筑设备监控系统［M］. 重庆：重庆大学出版社，2022.06.

[25] 樊培琴，马林. 建筑电气设计与施工研究［M］. 长春：吉林科学技术出版社，2022.08.

[26] 梅晓莉，王波. 智能建筑楼宇自控系统研究［M］. 北京：中国纺织出版社，2023.11.

[27] 刘魁星. 建筑热环境与智能化［M］. 天津：天津大学出版社，2023.08.

[28] 姜旭东，石增孟，岳兵. 基于智能化工程的建筑能效管理策略研究［M］. 哈尔滨：哈尔滨出版社，2023.01.